把握治療黃金期

治療期間
可以做運動？

鹼性食物
可治癌？

癌症
謬誤100解

臨床腫瘤科醫生　陳亮祖

癌症患者
可否吃雞肉？

輻射跟著
你回家？

癌症是絕症？癌細胞愛吃糖？酸性體質會致癌？癌症患者應該吃素？……
一直以來，各種似是而非的資訊在互聯網和其他媒介不斷流傳，
到底孰真孰假？臨床腫瘤科醫生為您揭開真相。

8位同路人與您分享他們的抗癌故事。沿途有您，抗癌路上永不孤單。

本書收益將不扣除成本全數捐贈予香港防癌會　|　雀巢健康科學全力支持

目錄

Part I

癌症謬誤

序一 朱楊珀瑜女士
（香港防癌會主席）

　　根據本港癌症資料統計中心最新數字顯示，2014 年癌症新症人數為
29,600 人，較七十年代中的 8,900 人飆升逾三倍。「癌症」以往被視為不
治之症，但隨著科技的進步、醫療的發展，不少癌症患者經治療後康復，
並再次投入正常生活，故此，我們應該更認識癌症。

　　不過大眾對癌症認識有多了解呢？早前一個活動上，與一名癌症病友
傾談，她坦言不敢與親友講及自己患癌，原因是有親友指癌症是會傳染的，
為了避開別人歧視的目光，故她惟有獨自承受療程的點點滴滴。相信這只
是一個較極端的例子，但都市傳言、謬誤及迷思你能拆解多少？

　　讀畢這書，期望大家可以更了解「癌症」，包括癌症的預防、成因、
治療方法，以致坊間對癌症的錯誤理解等。透過病友真實的分享，希望大
家可以感受到每位康復者堅毅的意志，即使患病，亦能保持樂觀的態度「與
癌共存」，活得精彩。

　　最後，感謝出版商將全數收益撥捐香港防癌會，讓我們繼續為有需要
的病人及其家庭提供專業的服務。在此深表感謝。

序二 陶傑

　　現代工業社會自然環境受污染，癌症全面爆發，因為網絡資訊發達，知癌、防癌、治癌也成為人生必備常識之一。

　　但平時群組交談、朋友聚會，許多癌症知識，難免以訛傳訛。

　　特別是許多身邊的朋友不幸都在壯年患上癌症，醫治的過程，痛苦的體驗，眾口交傳，加上許多不經證實的非權威知識，資訊爆炸，不一定等同知識正確。

　　由醫生來現身說法，親述癌症的治療經驗，這樣的書籍並不很多。陳亮祖醫生是七十後的一代，在香港經濟發達時成長，他為人正直，品格善良，說話不慍不火，有幾分證據和把握，說幾分話，可稱醫療界的青年才俊。

　　陳醫生講述的癌症知識，切合社會現實，包括你聽過而未能證實的問題。尤其治療時可能產生的問題比坊間許多傳言準確，也比網絡得到的要點詳細。癌症並不可怕，無知比癌症可怕。

　　有名醫名著在手陪伴，祝大家平安是福。

Part I

癌症謬誤

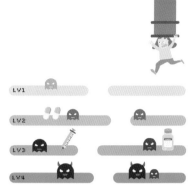

GAME OVER

癌症是無法根治的「絕症」?

錯誤。癌症一般可分為一至四期,早期(即第一及第二期)癌症若接受適當的治療,根治的機會相當高;隨著醫學的進步,現時即使第三期的癌症仍有根治的機會。至於第四期癌症(即癌細胞已經擴散),仍有多種藥物和治療方法,使病情達到長遠的控制,例如新的化療藥、標靶藥物和免疫治療等。

醫學界利用 TNM 系統對大部分的癌症作出分期:
T(Tumour):腫瘤的大小
N(Lymph Node):腫瘤有否擴散至鄰近的淋巴結及其位置和數量
M(Metastasis):腫瘤有否出現遠端轉移
癌症的期數,是因應不同的 TNM 組合而釐訂。

對於部分癌症,例如大細胞淋巴癌,即使病情到了第四期,甚至已經侵蝕骨髓,都仍然有根治的機會。

2

癌症會遺傳？

　　大部分癌症均無遺傳性。然而，的確有小部分癌症與遺傳有一定關係，例如 BRCA1 及 BRCA2 基因。帶有這種變異遺傳基因的婦女，患上癌症的機率會隨著年紀增加，其乳癌和卵巢癌的發生年紀較一般人小，而終其一生發生乳癌或卵巢癌的機率約為 60%-80%。

　　此外，約 5%-10% 的結直腸癌有遺傳性，其中「家族性結直腸瘜肉綜合症」（Familial Adenomatous Polyposis，簡稱 FAP）不容忽視，引發的結直腸癌佔總數約 1%。FAP 患者的大腸內，會長有數以百計的瘜肉。瘜肉通常在患者約 16 歲時開始出現，屬癌前性質（腺瘤性），如果得不到適當治療，會在病人 40 歲左右時演變成結直腸癌。FAP 患者有 50% 的機會將疾病基因遺傳給子女。

　　值得注意的是，「家族傾向」不等於「家族遺傳」。「家族傾向」是指家族中有親人曾患上某些癌症，其患上癌症的風險會較高，但這方面與「家族遺傳」並無「必然關係」，是兩碼子的事。

3

患癌的大多數是較年長人士？

　　某程度上正確。許多常見的癌症，例如肺癌、乳癌和前列腺癌，年長人士患病率相對較高。根據醫院管理局癌症資料統計中心的最新數據，癌症主要是較年長人士的疾病，約 62％ 的新癌症個案患者在 60 歲以上，男性患癌年齡中位數為 67 歲，女性為 61 歲。

　　然而，近年癌症年輕化是不爭的事實，而部分罕見的癌症，例如某些肉瘤和一些血液科腫瘤，則好發於青少年和兒童。

參考：http://www3.ha.org.hk/cancereg/pdf/overview/Summary% 20of% 20CanStat% 202014.pdf

4

患上癌症必定會痛得「拗床拗蓆」？

　　不一定。癌症會否引起疼痛，主要視乎病情的期數及腫瘤的位置。舉例說，早期的肺癌和肝癌，倘腫瘤只局限於肺部或肝臟之內，並無涉及包膜，一般是無痛的，原因是我們的肺部和肝臟內缺乏感覺神經，故患者不會感到痛楚。由癌症引發疼痛最普遍的原因是癌細胞轉移到骨骼，影響神經線，引起骨痛。各種癌症當中，最常見發生骨轉移的是肺癌及乳癌。此外，部分癌症的腫瘤會導致腸塞，或直接侵入神經線，因而造成痛症。

5

患同類癌症的患者，治療方法也相同？

　　錯誤。癌症的治療方法，主要視乎癌症的種類和病情期數。早期的肺癌、乳癌和大腸癌，一般以外科手術主導，但鼻咽癌則以放射治療為首選。至於晚期癌症，可考慮化療；若出現特定的基因變異，可使用標靶藥物。同時，醫生在制訂治療方案時，也會考慮患者的年齡、健康狀況和對治療的耐受程度。對於較年輕和身體狀況較佳的患者，醫生可能採用較進取的治療方法；反之，對於較年長或身體狀況欠佳的患者，醫生便可能選擇較保守的治療方法，避免因副作用過大而影響患者的生活質素，甚至引起併發症。總括而言，不同的病症、不同的病情和不同的體質，處理方法各異。

6

癌症很難根治，就算治癒，生活質素亦會大不如前？

　　癌症是否有根治機會，視乎病情期數。早期的癌症，根治機會相當大，治癒後，理論上生活質素不會有太大改變。當然，部分癌症如鼻咽癌，由於患者曾接受頭頸部的放射治療，可能會出現口乾和頸部肌肉繃緊的情況，某程度上對其生活質素可能會有影響，但可以通過頸部運動等方法改善。然而，若患者不接受治療，任由腫瘤肆虐，身體便會出現由腫瘤引起的種種症狀，生活質素將會更差。

7

癌症是無法預防的？

　　錯誤。癌症與個人的生活方式和飲食習慣息息相關，例如肥胖會增加患上大腸癌和子宮內膜癌的機會，吸煙人士會容易患上肺癌和頭頸部癌症等。因此，預防癌症的最佳方法是保持良好的飲食習慣和健康的生活方式，多菜少肉，多做運動，不煙不酒，可預防三分之一的癌症發生。

　　此外，某些癌症，例如子宮頸癌，可透過定期進行子宮頸細胞檢查，及注射子宮頸癌疫苗有效預防。

8

抽取組織或以外科手術切除腫瘤會「惹怒」癌細胞，令其變惡及擴散，所以應該「敵不動，我不動」，靜觀其變？

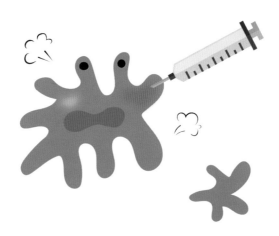

　　這是坊間常見的謬誤。當患者發現身上長有可疑的腫瘤，首先需抽取組織作病理學檢查，以確定腫瘤屬良性抑或惡性，才可對症下藥。絕大部分情況下，抽取組織的過程並不會令腫瘤擴散。相反，及早診斷並將病灶盡早切除，可防止癌腫擴散，並增加根治的機會。千萬不要相信「敵不動，我不動」的說法，惡性腫瘤以快速及不受控制地生長見稱，若不及早移除，它才不會跟你客氣呢！病向淺中醫方為上策。

9

癌症指數高於正常值範圍便等於患上癌症？

　　錯誤。癌指數只是一個參考的數值。在某些情況下，儘管未有患上癌症，這個指數也可能會升高，例如身體出現發炎的情況（如尿道炎和前列腺炎，PSA 指數會升高）。相反，部分早期甚至晚期癌症患者，其癌指數卻是正常的。

10

西醫的治療和藥物太「猛」，未見其利，先見其弊，應該看中醫治癌？

　　治療癌症以西醫為主導，尤其是早期癌症有很大的根治機會，更應以西醫的方法治療。即使是第四期癌症，仍未有充足證據證明純中醫治療可延長總體生存時間。部分患者比較信任中醫，如果選擇合適和具認可資格的中醫也未嘗不可。然而，倘能中西合璧，互相配合，取長補短，可能是較可取的做法。例如患者接受西醫治療時出現副作用，可透過中醫藥減輕副作用和調理身體。

11

癌症是大病，不能盡信一位醫生，應該經常轉換醫生，聽取不同意見？

　　的確，癌症是大病，患者希望聽取不同醫生的意見實屬無可厚非。其實，絕大部分的腫瘤科醫生均會按照患者的病情，並根據國際指引為患者診治，故治療方向大同小異，惟個別醫生或許會考慮本身的行醫經驗，在枝節處有別於其他醫生的見解。在這情況下，部分患者或會感到無所適從，甚至思前想後，猶豫不決，遲遲未能開始治療，因而拖延了病情。建議患者可參考一至兩位腫瘤專科醫生的意見，在選定醫生之後，彼此保持信任和良好溝通，治療才會事半功倍。

12

放射治療和化學治療一定會導致脫髮？

不一定。放射治療方面，只要照射範圍並非頭部，一般不會引致脫髮。部分化療藥物的確會引起脫髮，但不是全部，要視乎是哪一種化療藥物。如有需要，可使用質料柔軟和透氣的頭巾、帽子或假髮，以改善外觀及保護頭皮。一般而言，頭髮會在療程結束後重新生長。如有需要，可聯絡支援癌症患者的機構，例如「癌症資訊網」提供免費頭巾送贈服務。

詳情可瀏覽：www.cancerinformation.com.hk 或致電熱線 2121-1328。

13

化療一定會使患者上吐下瀉、胃口全失、消瘦和虛弱不堪？

不一定。化療的副作用，視乎治療的性質、藥物的劑量和患者的體質而定，不可一概而論。腫瘤本身也會導致患者食慾不振、消瘦和虛弱，這些症狀未必全由化療引起（這是由於腫瘤會分泌細胞激素，抑制控制食慾的中樞，使患者失去胃口。另外，腫瘤會改變人體的新陳代謝，使患者的熱量消耗增加，如攝取營養不足，患者的體重便會下降，甚至造成肌肉的流失）。相反，若醫生對症下藥，而患者又能保持正面的心態，願意配合治療和積極進食，令病情好轉，反而可以改善上述情況。

以每三星期為一個週期的化療療程為例，患者一般於接受化療後的首個星期，出現胃口欠佳、疲倦等副作用。到了第二及第三個星期，情況理應漸漸改善，患者宜於這段時間盡量進食營養豐富的食物，亦可飲用免疫營養配方飲品作補充，為身體作儲備，以及做適量運動。

14

化療療程一次比一次辛苦？

原則上，醫生會根據患者的身體狀況及其身高和體重擬訂最合適的化療劑量，並不會出現「一次比一次辛苦」的情況。然而，某些化療藥（例如紫杉醇類）會引起神經線發炎導致指尖麻痺，而這種情況有可能慢慢累積，若患者感到太過不適，應告訴醫護人員。

15

放射治療的副作用和後遺症是永久性、不可逆轉的？

不一定。放射治療的副作用和後遺症，要視乎放射治療的位置和劑量，以鼻咽癌治療為例，部分患者經過放射治療後，由於唾液腺受到放射線破壞，的確會出現永久性唾液分泌減少的情況，而頭頸部受到高劑量放療也會令頸部肌肉繃緊。然而，由於科技的進步，現在的放射治療技術已大大改善，能更精準地照射患處，減低對其他正常組織的傷害。另一方面，人體有自我修復機制，患者在完成治療後的首兩、三個月內，不適感可能較強烈，但這些副作用，如味覺改變及口乾等情況，一般會隨著時日逐漸改善。

16

接受放射治療後，會將輻射帶回家，影響家人健康？

　　絕大部分的放射治療屬「體外」形式，以放射治療機器產生的放射線照射患者的身體，一旦離開放射治療機器，患者體內便不存在輻射，對家人絕無影響。惟部分患者需要接受放射性同位素治療，如甲狀腺癌患者或需接受口服放射碘 131 治療，或部分前列腺癌患者或需接受內置放射治療，又或部分肝癌患者需接受碘 125 治療。這些將放射源植入體內的治療方法稱為「體內放射」，或會令患者的身體帶有微量輻射，惟此等微量的輻射對家人的影響相當有限，故無須過於憂慮。

17

標靶藥物和免疫治療適用於所有癌症患者？

標靶藥物僅適用於出現特定基因變異的癌症患者，而免疫治療目前適用於黑色素瘤、肺癌和腎癌患者。對於其他癌症患者，免疫治療仍處於研究階段，未有確實證據證明可作為首選治療方法。

18

大腸癌患者康復一段時間後，發現癌症復發並轉移到肺部。這時，應該使用治療肺癌的藥物？

錯誤。大腸癌患者康復一段時間後發現肺部有腫瘤，倘抽取細胞後發現該腫瘤與大腸原發腫瘤的細胞相同，即代表該腫瘤屬大腸癌轉移的腫瘤。在此情況下，醫學上仍稱之為「大腸癌」（轉移）而非「肺癌」，故治療方法應採用醫治大腸的藥物。同樣道理，其他腫瘤擴散至不同部位，要用原發腫瘤的治療藥物。

19

以外科手術切除腫瘤後，便代表癌細胞已被清除，便無須進行放射治療和化療？

手術後進行輔助性治療，包括化療及／或放射治療，能鞏固療效，減低復發機會。至於是否需要進行術後輔助性治療，則視乎癌症的種類和期數而定，應與腫瘤科醫生商討。其實，患者在接受手術前，癌細胞有機會已經由淋巴系統或血液轉移至身體其他部位，假以時日便會出現復發的情況，而這些極微量的癌細胞轉移是肉眼看不見，甚至連正電子掃描（PET Scan）和顯微鏡也難以偵測得到。術後輔助治療就是為了進一步殲滅殘留於患者體內的癌細胞，將復發機會減至最低。

20

為甚麼經外科手術切除癌細胞，一段時間後仍會復發？

承上題，癌細胞有機會於手術前已循淋巴系統或血液轉移至身體其他部位。這些極微量的癌細胞當時可能處於休眠狀態，假以時日再度活躍起來並不受控制地增長，便會出現復發和擴散的情況。

21

命仔續期單

12.07.2012	
10.07.2013	
	16.07.2014
	10.07.2015
05.07.2016	

✓ PASSED

癌症患者完成治療後，五年內沒有復發便可放心，無須再定期檢查或跟進？

　　一般而言，癌症患者完成治療後的首五年，復發機會相對較高，惟即使超過五年仍然存在復發機會，故建議定期由醫生跟進檢查。至於五年後需跟進的年期和相隔多久接受一次檢查多數腫瘤並無國際性指引及標準，建議聽從主診醫生的意見。

22

癌症復發必定無法根治，甚至命不久矣？

　　癌症復發的根治機會，視乎復發的位置和擴散程度。如屬局部復發的腫瘤，患者可透過外科手術或放射治療達到根治的目的。如無法利用外科手術或放射治療處理，又或腫瘤復發及擴散的範圍較廣，根治機會的確較低，但也不等於只能坐以待斃或命不久矣。相反，隨著醫學的進步，許多化療藥物、標靶藥物及免疫治療藥物推陳出新，治療選擇增加，患者仍有機會在保持生活質素的情況下帶病延年。

23

只有女性才會患上乳癌？

　　大部分乳癌發生在女性身上，然而，男性同樣有乳腺組織，故乳癌仍可發生在男性身上，只是機會相對低得多。男性患上乳癌一般與 BRCA2 或 BRCA1 基因變異有關。

　　現時所有乳癌患者中，有 10%-15% 是由遺傳所致。這類患者傾向在較年輕階段發病（通常停經前）。此症最常見的基因變異出現在 BRCA1 和 BRCA2 基因。而帶有 BRCA1 或 BRCA2 基因突變，可導致患上遺傳性乳癌及卵巢癌。該兩種突變的基因均由遺傳所得，不受個人生活習慣影響，而其帶來的風險是不容忽視的：

　　乳癌的風險：女性較一般人高出 10 倍；男性較一般人高 60 倍

　　卵巢癌的風險：較一般人高出五 10 倍

　　前列腺癌的風險：較一般人高出 4.5 倍

　　此症亦與其他癌症如胰臟癌、胃癌、腸癌、喉癌、膽管癌和黑色素瘤有關。

資料來源：http://www.asiabreastregistry.com/tw/hereditary-breast-cancers-hk

24

穿戴不合適的胸圍會增加患上乳癌的風險？

這是沒有根據的說法。穿戴不合適的胸圍只會令女性感到不舒適，並不會增加患上乳癌的風險。

患乳癌的風險因素包括：

- 近親中有 50 歲以下的乳癌患者，如母親、姊妹或女兒；
- 初經發生在 12 歲前、更年期停經出現在 55 歲後；
- 從未生育或 35 歲後才首次生育；
- 接受荷爾蒙補充療法達 5 年以上；
- 有吸煙或嗜酒習慣；
- 運動不足（每周少於 3 小時）；及
- 帶有遺傳性的 BRCA1 或 BRCA2 基因變異。

曾進行胸部整形手術的婦女，會更容易患上乳癌？

　　理論上，進行胸部整形手術並不會增加患上乳癌的風險。若干年前，一種用作胸部整形手術的物料「矽膠」，因安全問題被回收；另外，某些物料因其化學物質容易滲入乳腺組織，增加乳腺發炎的機會，長久的慢性發炎，會增加致癌風險。如使用一些通過國際品質認可的胸部整形物料，一般是安全的。

26

患上乳癌一定要切除整個乳房？

　　乳癌患者是否需要進行全乳房切除，主要視乎腫瘤的大小、數量及分佈的位置。一般而言，全乳房切除適合腫瘤較大或接近乳頭，或癌細胞出現於不同部位，或已影響皮膚的患者。醫生會將整個乳房，連同腋下的淋巴腺一併切除。至於乳房保留手術，則適合腫瘤較小及生長在乳房外圍的患者。醫生會將乳房的腫瘤及周邊組織切除，並作腋下前哨淋巴取樣檢測，術後輔以放射治療。

　　此外，部分患者可於手術前進行前置化療，將腫瘤縮小後才以手術切除，可增加保留乳房的機會。

27

沒有性經驗，就不會患上婦科癌症？

錯誤。子宮頸癌的發生可能與不健康的性行為有關，但子宮頸癌同樣可以發生於沒有性經驗的婦女身上。其他婦科癌症，例如卵巢癌和子宮體癌，與性經驗完全沒有關係。因此，未有性經驗便不會患上婦科癌症這個概念是錯誤的。

28

婦科癌手術後引致更年期，手術後應立即補鈣，以防骨質疏鬆？

部分婦科癌手術需要切除雙側卵巢，術後患者失去雌激素分泌，導致提早出現更年期的情況。愈早出現更年期狀態，患上骨質疏鬆的機會便愈高，但不建議自行服食鈣片或坊間其他保健產品，應與主診醫生商討如何增強骨質。

29

前列腺手術會導致性無能或陽萎？

　　前列腺手術本身並不會導致性無能或陽萎，除非在手術過程中，控制勃起的性神經線被破壞，近年已引入前列腺癌微創手術，技術較精準，醫生可選擇為早期及腫瘤涉及範圍較小的患者保留神經線，以免影響勃起功能。然而，第三期或以上的前列腺癌患者需接受荷爾蒙治療，會對性功能有影響。

30

不吸煙便不會患上肺癌？

錯誤。近年，由吸煙引起的小細胞肺癌及鱗狀細胞肺癌，個案數字有下降的趨勢。相反，與吸煙無直接關係的非小細胞肺腺癌個案則不斷上升。例如：人類表皮生長因子受體（EGFR）基因突變型肺癌，約佔所有亞洲人肺腺癌個案中的 40%-50%，當中約 50%-70% 患者為非吸煙人士；而間變性淋巴瘤激酶（ALK）基因變異型肺癌，約佔所有肺癌個案的 5%，當中許多患者都是年輕的非吸煙女性。因此，吸煙或非吸煙人士均有機會患上肺癌。

31

大腸瘜肉一定會演變成大腸癌？

大腸瘜肉有良性和惡性之分，良性的瘜肉演變成大腸癌的機會較低，惡性的瘜肉演變成大腸癌的機會則較高。事實上，約 90% 的大腸癌是由瘜肉經年累月演變而成，故當發現大腸內有瘜肉存在，不應掉以輕心，應及早切除，以免假以時日演變成大腸癌。

32

大便出血便一定是患上大腸癌？

不一定。大便出血的原因很多，包括痔瘡、腸發炎、腸潰瘍及腸癌。大便出血只是大腸癌的其中一個症狀，其他症狀包括排便習慣和糞便形狀的改變、腹痛和貧血等等。建議患者一旦出現大便出血的症狀，應盡快求醫及接受大腸鏡檢查。

衛生署於 2016 年 9 月開始推出「大腸癌篩查先導計劃」，為期三年，資助 61 至 70 歲的香港居民接受「大便隱血測試」，如檢查結果屬陽性，將進一步資助他們接受大腸鏡檢查。篩查的目的，是在未出現任何症狀前及早確診，使患者得以盡早接受治療，增加根治的機會及減低醫療成本。

關於「大腸癌篩查先導計劃」詳情可瀏覽：http://www.colonscreen.gov.hk/tc/index.html

33

經常便秘會增加患上大腸癌的機會？

　　某程度上正確。便秘人士一般缺乏運動及飲食習慣欠佳（例如多肉少菜），這些生活及飲食習慣的確可增加患上大腸癌的風險。此外，糞便長時間滯留在大腸內會分泌毒素，刺激大腸黏膜，因而增加癌變的機會。

34

甲狀腺癌患者接受「放射碘」治療後便不可懷孕？

「放射碘」是一種體內放射治療，患者服用放射性碘丸或碘水後，甲狀腺細胞會吸收碘，然後被當中的放射性物質摧毀，而正常細胞則很少受到影響。「放射碘」一般用於全甲狀腺切除手術後，進一步清除可能殘餘體內的癌細胞。

患者在接受「放射碘」治療後四至五天內，體內的放射量會隨尿液、唾液及汗液等排走，因此這段期間要在醫院接受隔離，避免接觸其他人，待兩至三天後當放射量降至安全水平才能出院。

放射性碘不會為病人帶來長遠影響，女性患者將來也可以正常懷孕。不過，在接受治療的頭一年內，病人不宜懷孕及餵哺母乳，因形成畸胎或影響胎兒的風險會增加。然而，倘患者在完成治療一年後懷孕，風險已回到正常水平，無須過分擔心。

參考資料：http://www21.ha.org.hk/smartpatient/tc/cancerin_focus/details.html?id=172#7

35

練習氣功、打坐可治癌防癌？

　　沒有直接關係，但練習氣功和打坐可作為運動的一種。伸展運動可促進血液循環和鍛煉肌肉力量，紓緩繃緊肌肉，對紓緩治療副作用有一定的幫助，但單純用於治療就並沒有科學根據。

36

服用避孕藥會增加患癌的機會？

　　以往，舊式避孕藥的成分為純雌激素，副作用較多（例如體重上升）並會增加患上某些癌症的風險。然而，新一代避孕藥多為雌激素及孕激素的複合物，雌激素劑量已大幅減少，並無證據顯示現代的避孕藥會增加患癌的風險。

　　然而，女性服用避孕藥前應諮詢醫生意見，如有吸煙習慣的 35 歲或以上女性便不宜服用，因會增加血栓塞風險；有不明陰道出血、嚴重肝病、懷疑或證實懷孕的婦女亦不宜服用。

37

經常「捱夜」或輪班工作者會較容易患上癌症？

　　曾有研究指出，太晚睡覺或通宵工作會擾亂細胞分裂及 DNA 修補的時間表。對於通宵工作者，其工作性質傾向壓力大，這會增加分泌「皮質醇素」。同時，通宵工作者大多有睡眠不足的問題，而睡眠不足會削弱免疫系統。而夜間開燈工作會減少分泌抑制腫瘤生長的「褪黑激素」。因此，有固定的工作及作息時間，足夠的睡眠和休息才是健康之道。

　　「皮質醇素」：當人體承受生活壓力，大腦便會分泌一種名為皮質醇（Cortisol）的壓力激素。皮質醇本來為我們提供活動的能量，可是，當皮質醇水平偏高，往往會導致失眠及精神不集中。

　　「褪黑激素」：正常人體在接近入睡時便會開始分泌褪黑激素，在深夜達到高峰，之後逐漸下降。褪黑激素必須在黑暗中生成。因此，若人們在晚間繼續工作，接收電子產品或光線刺激，便無法好好分泌褪黑激素，導致生理時鐘混亂而導致失眠。

38

曝曬會增加患上皮膚癌的風險，照太陽燈便沒有問題？

錯誤。太陽燈同樣會產生紫外線，故照太陽燈也有機會導致皮膚癌。

太陽放出不同能量或波長的輻射，有些是肉眼可見，如彩虹的各種顏色。然而，紫外線是肉眼看不見的輻射。適量的日光浴有助身體吸收維生素 D，使骨骼更加強健，惟過量曝露在陽光的紫外線下，可使皮膚細胞產生突變，形成皮膚癌。在臨床上，皮膚癌可分為黑色素瘤及非黑色素瘤兩大類，而非黑色素瘤可再細分為基底細胞癌以及鱗狀細胞癌，三者皆與紫外線照射有著密切的關係。

39

「布緯療法」可以治癌？

　　「布緯療法」的基本組成是有機亞麻籽油與有機低脂茅屋芝士，聲稱每天食用，能改善細胞組織，從而防治很多與免疫系統有關的慢性疾病，甚至能治療癌症。曾經有專欄推介「布緯療法」，並聲稱此療法已治癒不少病人，使許多讀者爭相食用。然而，在醫學角度，「布緯療法」可以治癌這說法沒有根據，希望公眾人士分析了解，不要誤信。再者，曾有報告指出，「布緯療法」可引起腹瀉、脹氣及噁心，也有少量致敏的個案。進食大量亞麻籽或亞麻籽油，而沒有攝取足夠水分，可引起腸道阻塞。

http://www.cancer.org/treatment/treatmentsandsideeffects/complementaryandalternative medicine/index

40

「自然療法」可以治癌？

　　同樣，並無任何臨床證據顯示「自然療法」能治療和控制癌症，故若不幸患上癌症，不要諱疾忌醫，應盡快尋求醫護人員的幫助，以免錯過治療的黃金期，使病情進一步惡化。

　　自然療法，是指利用天然的方法，例如生活型態、情緒和飲食的改善、或者透過天然物質或非侵入性手法的輔助，以達到疾病預防和治療目的之各種方法，例如芳香療法、按摩、紅外線療法。雖然它們希望透過天然方法施行治療，但治療成功率大多沒有通過大型的臨床研究，成效成疑。

http://hk.apple.nextmedia.com/news/art/20090712/12979129
http://www.hkcna.hk/content/2013/0218/179444.shtml
http://the-sun.on.cc/cnt/news/20131116/00405_001.html

41

「磁石療法」可以治癌？

2016 年 5 月，一名自詡「治癌博士」的女士被警方以涉嫌行騙的罪名拘捕。她聲稱僅以紅外線、吸氧治療及磁石療法（在癌症患者的前額和四肢綁上磁石）便可治癒癌症，更禁止患者接受任何中西醫治療，有患者因誤信其歪理而停藥，白白失去了根治癌症的機會，最後更賠上性命。及後，警方以串謀行騙罪名拘捕「女博士」及其十名女職員，並撿走所謂的「治癌磁石」、儀器及麻醉藥等。初步相信被捕人士涉嫌騙去七名受害人共港幣五百萬元。由此可見，「磁石療法」治癌只是騙子的伎倆。

http://archive.am730.com.hk/article-312096
http://hk.apple.nextmedia.com/news/art/20160505/19598850

42

正電子掃描（PET Scan）會產生足以致癌的高輻射？

正電子掃描（PET Scan）的確會產生輻射，但除非經常進行（例如每月一次），否則致癌機會很小，故無須過分擔心。醫生一般只會建議下列人士進行此項檢查：

1. 懷疑患上癌症的人士；
2. 已確診的癌症患者（對於已確診癌症的患者就不必擔心輻射致癌了，而 PET CT 產生的輻射也不會加速腫瘤細胞生長）；
3. 正接受治療的癌症患者，以追蹤病情及評估治療效果；以及
4. 為癌症康復者定期監察病情有否復發。

43

癌症康復後，有些醫生建議做正電子掃描（PET Scan）監察病情，有些醫生卻不建議。為甚麼？

對於癌症康復者而言，正電子掃描（PET Scan）乃用作監察病情，倘有復發情況也可及早知悉，盡快開始治療，有時可達到根治的目的。然而，醫學上並沒有一個準則規定癌症康復者應相隔多久進行一次正電子掃描（PET Scan），這完全是視乎個別患者而定。

到目前為止，沒有充足證據顯示，定期為癌症康復者做正電子掃描，可減低相關癌症死亡率，故有些醫生不建議。

44

癌症患者康復後不宜染髮、化妝和塗指（趾）甲油？

　　我經常強調，癌症患者康復後便與正常人無異，不要老是覺得自己是「病人」。注重外表，把自己打扮得光鮮亮麗，有助增強自信，故染髮、化妝和塗指（趾）甲油都是可以的。至於經常聽到傳聞說，染髮劑含大量化學物質，長期接觸會增加患癌風險，因而引起部分人士的憂慮。事實上，只要按包裝上的指示正確地使用，理論上問題不大。

45

癌細胞喜歡酸性環境，而且在酸性的身體內生長得更快，故應進食鹼性食物和飲用鹼性水，這樣便可以改變體內的酸鹼度，達到防癌治癌的效果？

這是常見但完全無根據的謬誤。人體正常血液的酸鹼值界乎 7.35 至 7.45 之間，屬弱鹼性。倘血液酸鹼值低於 7.35，即為「酸中毒」，代表身體調節功能出了問題，如腎臟功能受損。人體有調節酸鹼的功能，當體內的酸鹼平衡出現改變時，腎臟及呼吸系統便會進行調整，讓身體處於酸鹼平衡的狀態。因此，我們不會因為進食酸性的食物，便令血液變成酸性。換句話說，假如我們的腎臟及肺部功能正常，無論進食酸性還是鹼性食物都不會影響身體的酸鹼度。況且，沒有證據顯示鹼性物質有防癌治癌效果。

46

經常忍尿會增加患上泌尿科腫瘤（如膀胱癌、腎癌）的風險？

忍尿並不會直接增加患上泌尿科腫瘤的機會，但忍尿容易導致尿道炎或腎炎。長期反復患上腎炎或會導致腫瘤，並且傷害腎臟，故絕不建議忍尿。

47

有膽結石和腎結石會分別增加患上膽管癌和腎癌的風險？

　　沒有直接關係。然而，膽結石和腎結石或會導致膽管、腎臟或輸尿管的炎症。長期反復的發炎，會增加患上腫瘤的機會。

48

人體內都存在癌細胞？當免疫力低時，癌細胞便伺機發難？

　　人體內的細胞需要不斷複製，而每次複製的過程或會因為外來因素（如紫外線）導致 DNA 發生轉變，當 DNA 的轉變太快或太多，而身體內的修復機制不能跟上或出現問題（如 RB 基因、P53 基因先天缺陷），或會形成腫瘤細胞。倘這些腫瘤細胞數量僅屬微量，人體的免疫系統便可將之清除。然而，當人體免疫系統較弱，惡性腫瘤細胞便有機會進一步生長。

49

癌症是由缺乏營養引起，服食維他命或營養補充劑可預防癌症？

引起癌症的原因很多，與缺乏營養並無直接關係，惟長期缺乏營養會削弱免疫系統，使患上癌症的風險增加。然而，服食維他命或營養補充劑並不能預防癌症，切勿誤信坊間一般保健食品聲稱能預防癌症，此乃誇大和失實的廣告，亦為常見的謬誤。其實，只要維持健康和均衡的飲食習慣，便可攝取身體所需的營養。

50

強壯的免疫系統可以消滅癌細胞？

單靠免疫系統並不能消滅癌細胞。癌細胞一旦形成，便要靠科學的方法將之消滅，例如外科手術、放射治療、化學治療等方法。

51

癌症患者應該吃素？

　　這是沒有科學根據的說法。肉類含豐富蛋白質，癌症患者在接受治療期間，若攝取蛋白質不足，身體會消耗體內的脂肪及分解肌肉組織，以彌補熱量的不足，患者的體重可能因而驟減，削弱康復能力，甚至因血球數目不足而延誤療程，影響治療效果，故不建議患者治療期間吃素。

　　其實，癌症患者治療期間對蛋白質的需求量是平時的一倍半或以上，所以要多進食含豐富蛋白質的食物和選擇一些高質素的蛋白質，例如蛋、奶、肉類、海產和黃豆製品。

參考：https://www.hkacs.org.hk/ufiles/Nutrition.pdf

52

進食番茄／茄紅素能預防前列腺癌？

　　這是沒有科學根據的說法。與其他癌症一樣，前列腺癌的成因很多，部分與生活及飲食習慣有關，而不良飲食習慣，例如經常進食高脂肪食物和缺乏維他命，會增加患上癌症的風險。因此，保持健康的生活及飲食習慣，留意身體的細微變化，才是健康的生活模式。

53

坊間的「綠茶素」、「洋蔥素」等保健食品可治癌防癌？

　　從來沒有證據支持「綠茶素」和「洋蔥素」等健康食品可防治癌症。醫學講求「高層次」的臨床研究數據，惟坊間所見的健康食品，絕大部分缺乏符合醫學要求的「高層次」證據，特別是「第三期臨床雙盲」研究。

　　在醫學角度而言，所謂「高層次」的證據，是指至少需通過「第三期臨床研究」。一種新藥在進入臨床試驗之前必須先經過實驗室細胞系研究和動物試驗，初步確認藥物的有效性，才可以進入人體臨床試驗。人體臨床試驗，又稱臨床研究分為以下四個階段：

　　第一期臨床研究（Phase I）：目的是測試新藥的安全性和毒性，並找出人體能接受該藥物的安全劑量，以決定進行第二期臨床試驗時應採用的藥物劑量。

　　第二期臨床研究（Phase II）：目的是了解該藥物對特定疾病是否具有療效，並監測其可能引起之不良反應。

第三期臨床研究（Phase III）：目的是將新藥或治療方法與目前公認的標準治療作比較，以了解該新藥或治療方法是否比傳統的標準治療效果更佳。在這階段，試驗對象（即病人）被隨機分成兩組，每組別有數百人。最好的方法是，無論是病人本身、研究人員或醫生都不知道哪位病人屬於哪個組別，直至研究結束為止。這個稱為「雙盲」的臨床研究，可避免試驗對象或研究人員因主觀偏向而影響研究結果。因此，第三期臨床研究得出的結果更為嚴謹和精準，屬「高層次」臨床研究數據。

　　第四期臨床研究（Phase IV）：目的是評估已上市的藥物，長期使用後會否產生慢性的副作用，以獲得進一步資訊，即藥物的風險效益評估。

　　我在此呼籲市民，不要輕信廣告和商家提供的所謂研究數據。只有經過以上多階段的臨床試驗，藥物的品質、療效和安全性才有保證。

54

靈芝和雲芝等保健食品可有效減輕癌症治療的副作用？

　　暫無證據支持這種說法。癌症患者在化療、電療間服用靈芝、雲芝等產品，認為能紓緩不適，其實效用成疑。病人服用後感覺良好，多因心理作用造成，情況如安慰劑一樣，實際並無效用。

　　臨床約一成癌症患者因胡亂服用中成藥而影響肝、腎功能，或令白血球、血小板數目減少，須暫停治療，因而影響治療效果。曾有病人暫停化療近三個月，雖無危及性命，但治療效果大打折扣，建議病人勿胡亂服用健康產品。

http://hk.apple.nextmedia.com/news/art/20141028/18915205
http://news.takungpao.com.hk/hkol/topnews/2012-11/1292253.html
http://cancerdoctor.hk/pdf/cancer-chemotherapy.pdf

55

牛肉太毒、雞肉有激素，癌症患者應該避免進食？

　　錯誤，並且是完全不科學的說法。舉例說，大部分回教徒長期吃牛肉和雞肉（因宗教關係，回教徒不吃豬肉），但回教徒並沒有較高的癌症風險和發病數字。其實，癌症患者極需攝取足夠蛋白質，以幫助身體細胞修復，故建議多吃優質肉類，包括牛肉和雞肉。其實，現時入口的雞隻必須經過嚴格檢疫，確定激素和抗生素含量合格才准許入口，故實在無須過分憂慮。如果真的很擔心，建議進食雞肉前先去皮和去脂肪，這便更加安全。

56

癌症患者不宜飲用牛奶？

有關牛奶與癌症之間的關係，過去多年來所進行的研究出現矛盾的結果，因此未有明確的證據證實兩者之間的關係。其實，牛奶含有蛋白質、鈣、鎂和維他命 B 等，對健康有益，建議每天適量飲用 1 至 2 杯牛奶。

對於頭頸癌和鼻咽癌患者，治療引起的副作用往往令他們無法進食固體食物，而短暫需要進食流質食物或飲用營養奶以維持身體所需的熱量。對於無法進食固體食物之患者而言，奶類是最佳的能量及營養來源。況且，牛奶本身並不會加快腫瘤細胞的生長。

57

癌症患者應該避免進食營養豐富的食物，以免為癌細胞進補，助長其生長？

這是個荒謬的說法。無論放射治療或化療，在殺死癌細胞的同時，或多或少會傷害正常細胞，但人體有自我修復機制，故癌症患者在治療期間更需要攝取足夠的營養，以幫助細胞修復。有研究顯示，若癌症患者在治療期間能保持體重，其根治疾病或成功控制病情的機會顯著提高。因此，我建議患者多進食營養價值高的食物。

58

甜品、米飯和高碳水化合物的食物會促進癌細胞生長，故癌症患者不宜進食？

　　錯誤。癌症患者不應偏食，適量攝取米飯和碳水化合物可供給身體所需的熱量，適量進食甜品更可使人心情愉悅。兩者都有助治療期間維持體重。許多癌症患者都會出現食慾不振的情況，建議在飲食上花點心思，烹調顏色悅目和容易入口的菜式或甜品，有助提高患者的進食意慾。

59

基因改造食物會致癌？進食大豆製品和有機食物可以預防癌症？

基因改造即通過生物技術，將某個基因從生物中分離出來，然後植入另一種生物體內，從而創造一種新的人工生物。例如科學家認為北極魚體內某個基因有防凍作用，於是將它抽出，再植入番茄之內，製造新品種的耐寒蕃茄，就是基因改造生物。含有基因改造生物成分的食品稱為基因改造食物。

目前並未有證據顯示基因改造食物會致癌，亦未有確實證據支持進食大豆製品和有機食物可以預防癌症。然而，進食未經加工、無添加色素及防腐劑的天然食物，以及衛生情況較佳的食品，當然百利而無一害。

癌症資訊網的 Youtube 頻道
http://www.greenpeace.org/hk/campaigns/food-agriculture/problems/genetic-engineering/

60

進食「蘆筍」能治癌防癌？

　　現時並無科學證據證實進食「蘆筍」能起治癌防癌的作用。

　　若干年前，網路上流傳著一種說法，指蘆筍能治癒癌症。香港某電台的節目中亦發表了「每天進食大量蘆筍能治癒癌症」的陳述。遺憾地，這種毫無根據的說法一直廣泛地透過互聯網、WhatsApp 和電子郵件等媒介流傳。

　　Dana-Farber Cancer Centre 網站營養師曾建議：

　　「蘆筍是一種健康的食物，含多種豐富的營養素。在日常飲食包含蘆筍，確實有許多優點，有助預防癌症。然而，目前沒有任何證據表明蘆筍能治癒癌症。我們建議患者遵循以植物為基礎的飲食，多吃新鮮水果、蔬菜和粗糧。蘆筍是一個很好的補充或配搭，卻不應該是主食。」

http://www.dana-farber.org/Health-Library/

61

紅酒有抗氧化功效，每天飲用對身體有益，並且可以防癌？

人體藉著呼吸，吸入空氣中的氧氣來進行及維持身體各項機能的運作，而我們吸入的部分氧氣會與體內各種物質發生反應，造成「氧化」。不良的生活習慣會加速細胞的氧化，例如吸煙、壓力、攝取過多脂肪或加工食品、經常曝露於放射線或紫外線等。每天飲用少量紅酒可降低心臟病發的風險，但與預防癌症並無關係。相反，飲酒會增加患上頭頸癌、食道癌、肝癌、乳癌和大腸癌的機會。

62

飲綠茶、洗腸可預防大腸癌？

錯誤。飲綠茶並不能預防大腸癌，而洗腸的過程會令身體流失電解質，程序上也有一定風險，例如使大腸黏膜受損，甚至弄穿腸道。作為西醫，絕不建議洗腸。其實，只要保持健康飲食習慣，多補充水分及攝取足夠的膳食纖維，作息規律及進行適量運動，腸胃蠕動功能自然正常，無須倚賴被動或介入的方式清理腸道。

63

淡水魚和無鱗魚很「毒」，癌症患者不宜進食？

不正確。「淡水魚」泛指在淡水生態環境飼養的魚類，常見的淡水魚包括有鯉魚、桂花魚、烏頭和生魚等，而「無鱗魚」則包括鰻魚和白鱔等。這些魚類與海魚有同等的營養價值，建議患者多進食不同種類的食物，攝取所需的營養，有助療程順利進行，加快康復。如果真的很擔心，徹底煮熟才進食便萬無一失。

64

化療期間應避免進食刺身和生蠔？

原則上，化療期間是可以進食刺身和生蠔的，唯一的隱憂是刺身和生蠔較易滋生及藏有細菌，而化療期間患者的抵抗力較弱，容易受感染。如果食物質素佳、妥善保存及確保衛生，化療期間同樣可以進食刺身和生蠔。

進食隔夜飯菜或以微波爐翻熱食物會致癌？

　　隔夜飯菜或以微波爐翻熱食物並不會致癌，因此無須過分擔心而戒絕進食和使用，影響均衡的營養攝取。然而，由於食物存放期間容易滋生細菌，故建議盡快進食已烹調的食物。

　　微波爐採用頻率在 300 至 30 萬兆赫之間的電磁波，產生交流電磁場令食物中的極性分子和離子振動，使溫度上升，加熱食物。情況有如傳統上提升溫度使食物分子振動加熱，故並不會特別使食物致癌。

　　目前並無科學證據證明利用微波加熱食物會增加致癌物質。一項有關烹煮羊肉和牛肉產生誘變物質的研究指出，並無證據證明使用微波烹煮的羊扒、西冷牛扒、羊腿或牛肉卷產生誘變物質。另一項研究的結果也顯示，把使用微波烹煮的食物餵飼老鼠，跟採用傳統方法烹煮的食物比較，一樣對老鼠無害。

66

甲狀腺機能亢進（俗稱「大頸泡」）患者有較高的甲狀腺癌風險？

　　兩者並無關係。甲狀腺是咽喉下的小腺體，狀似蝴蝶，功能是製造甲狀腺素以調節人體的新陳代謝、血糖和腎功能等。甲狀腺機能亢進（俗稱「大頸泡」）是指甲狀腺素分泌過多，可引致心跳過快、手震、失眠、食量大卻體重減輕、眼凸等症狀；而甲狀腺癌是指位於甲狀腺的惡性腫瘤，早期大多缺乏症狀，後期則可能出現咽喉部位的腫塊、聲音沙啞及吞嚥困難等。如發現頸部或咽喉部位出現腫塊，建議及早求醫並作詳細檢查。

67

長期使用類固醇會增加患上癌症的風險？

　　兩者無直接關係。類固醇（Steroids）乃一系列有相近結構的化學物質的統稱，一般人口中所提及的類固醇為「皮質類固醇」（Corticosteroids）。皮質類固醇在正常情況下會由人體的腎上腺自行製造和分泌，是人體必須的激素，以調節血糖、蛋白質、脂肪、及電解質的代謝。臨床上，類固醇是很好的藥物，它可被廣泛地應用於治療許多疾病，包括某些癌症的輔助治療及免疫系統疾病，使症狀得到暫時的紓緩。然而，長期使用類固醇可能引起其他問題，例如抵抗力下降、骨枯、水腫和血壓高等，故必須在醫生處方下使用，且應盡量避免長期使用。

68

糖尿病病人較容易患上胰臟癌？

到目前為止，並沒有確實和一致的證據顯示糖尿病病人較容易患上胰臟癌。不過，糖尿病病人大多屬肥胖一族，而肥胖和過重本身是胰臟癌的風險因素，故應保持健康飲食習慣和控制體重。

69

愈罕見的癌症（如膽管癌、胰臟癌、神經內分泌瘤等）愈凶猛、愈難治和預後最差？

不一定。其實，每一種癌症的預後關鍵在於確診時的病情期數。就罕見癌症而言（如膽管癌），大多難以在早期察覺，一般在確診之時已屆晚期，形成治療上相對困難，根治的機會亦較低。

70

負面情緒和長期處於壓力下會誘發癌症？

　　有可能。睡眠不足、負面情緒及長期處於壓力下，會使人體分泌某些
生長激素，例如「類胰島素」。「類胰島素」又稱「類胰島素生長因子」
（Insulin-like Growth Factors），是人體在生長荷爾蒙刺激下產生的激素。
當人體過量分泌這些激素，便會刺激及促進細胞生長。科學家已證實，若
人體內的類胰島素濃度偏高，罹癌風險將會增加。因此，建議大家作息定
時，適當放鬆身心。

71

長者新陳代謝慢，即使得了癌症，癌細胞也會長得很慢；相反，年輕人新陳代謝快，如果患上癌症，癌細胞的生長和擴散速度也會較快？

　　癌細胞的生長速度，視乎腫瘤本身的種類和惡性程度。在我過往的行醫經驗裡，曾見過長者身上的腫瘤生長迅速，亦曾見過年輕人身上的腫瘤生長緩慢，所以不能一概而論。因此，我呼籲無論是長者抑或年輕人，當患上腫瘤便應盡快接受治療，避免病情進一步惡化。

72

裝修材料（例如油漆）釋出的刺鼻氣味會致癌？在工程完成多久後才遷入比較安全？

理論上，通過測試及符合安全標準的裝修材料並不會致癌，但不建議在工程完成後立即遷入，因為刺激性氣味或會影響呼吸系統，誘發鼻敏感或哮喘。與竣工日相隔至少一星期才遷入較為安全穩妥。此外，應留意避免選擇含「甲醛」（Formaldehyde）的裝修材料。

甲醛是一種無色氣體，存在於膠板及傢具的粘合劑中，可刺激眼睛和鼻子，引起呼吸道不適。除了造成黏膜刺激及過敏的疾病外，甲醛還會增加癌症的風險性。美國環保署已將甲醛定為可能的致癌物質，而聯合國轄下的國際癌症研究署更將甲醛定為人類致癌物質，有機會引起鼻咽癌及血液科腫瘤。然而，大家不必過分緊張，除了特殊的工作環境會大量使用及接觸甲醛外，一般室內的甲醛濃度並不高，如能在房子裝修後打開所有的窗戶通風三數天，一般已可有效降低室內的甲醛濃度。

73

日本福島核洩漏，應該少去為妙，以避免因輻射致癌？

　　輻射的確可以致癌。然而，距離福島核電廠較遠的城市或地區仍是安全的，這些城市或地區的本底輻射處於正常和安全水平，故不必完全避免前往日本，選擇遠離該核電廠的城市便可。

手機輻射會致癌？

　　人類每天都會接觸到天然輻射。天然輻射來自於土壤、水和空氣中自然形成的放射性物質（即宇宙射線）。氡氣是一種大自然形成的氣體，是天然輻射的主要來源。

　　人們也可以在日常生活中接觸到人為造成的輻射，例如源自 X 光機及其他醫療器械的「電離輻射」（Ionising Radiation），以及源自手機、手提電腦、平板電腦，以及 Wi-Fi 的「射頻輻射」（Radio Frequency Radiation）。射頻輻射的頻率較低，不會對人類細胞的 DNA 構成直接破壞。

　　迄今為止，根據最大型的手機安全研究「Interphone」，以及英國和丹麥進行的兩項前瞻性研究，並無發現使用手機和癌症的發生有直接關係。同時，世衛及其他權威機構根據目前數據，總結出使用手機並無增加癌症風險的結果。

　　不過，長時間使用手機會引起其他健康問題，例如頸痛和睡眠問題，故建議大家適當使用手機，避免長時間使用。

http://www.who.int/mediacentre/factsheets/fs193/en/

75

大量吸負離子和飲用氫水可以治癌防癌？

錯誤！負離子和氫水並無任何治癌防癌的功效。

市面上的氫水機林林總總，標榜可以將普通自來水過濾成氫水，有助清除人體內的自由基、抗衰老，以及治療慢性疾病，甚至癌症。售賣氫水機的公司更聲稱其水機已取得國際認證，包括美國水質協會 WQA（Water Quality Association）以及美國國家衛生基金會 NSF（National Standard Finance）。但兩所機構均回應指未曾為該公司的任何產品作認證。更甚者，WQA 又指出現時並無國際認可的標準檢測氫水的功效。

負離子和氫水均為不穩定的物質，容易被空氣或水中的離子中和，變回普通水，亦沒有治癌防癌的功效。

76

患有自身免疫系統疾病的人士（例如紅斑狼瘡）較易患上癌症？

　　理論上無直接關係，惟部分紅斑狼瘡患者需長期服用免疫抑制劑。另外，換腎後患者需長期服用抗排斥藥。長期服用免疫抑制劑和抗排斥藥會削弱人體免疫系統，有機會引起某些癌症，例如淋巴癌。

77

做大量運動便不會患癌（尤其肺癌）？

　　引起腫瘤的因素有許多，勤做運動（尤其帶氧運動）可以減低患上癌症的風險，但不可能百分百預防，甚至杜絕腫瘤的出現。建議保持良好的生活習慣和留意身體的細微變化，如有懷疑，應盡快求醫。

78

癌症患者手術後（尤其肺部手術）不可乘飛機和潛水？

大部分癌症患者於手術後與正常人無異，可以進行平日喜歡的活動。惟部分患者在接受肺部手術後（尤其需要放置引流的患者），出現氣胸的機會增加，因此應徵詢醫生的意見。

「氣胸」（俗稱「爆肺」）是指空氣進入胸膜而引起的胸肺科問題。胸膜是肺部與胸壁之間的空間，由兩層分別連接肺部和胸壁的胸膜組成，此處一般並無空氣存在。然而，當胸膜一旦穿破，空氣便會穿過胸膜而積聚於胸腔，壓迫肺部，形成氣胸。若情況輕微，患者可能僅出現胸口痛或氣喘等病徵；倘情況嚴重，胸腔的空氣積聚幅度變大時，附近的血管和心臟也會同時遭到擠壓，血液因而無法流向心臟，患者可出現休克，甚至危及性命。

79

癌症患者在治療期間不能做運動？

　　錯誤。傳統觀念認為癌症患者身體虛弱，且癌症治療時間漫長，少則半年，多則數年，部分患者體力也大不如前，因此應該多休息、少活動。

　　其實，癌症患者在手術後，是可以進行輕量運動，例如散步和做簡單的伸展運動。倘患者長期缺乏運動，其體力和心肺功能都會下降，故鼓勵患者在能力許可的情況下要多做運動。另外，部分較年長或身體較虛弱的患者，最好在家屬或醫護人員的陪同下做運動，以避免因頭暈、低血壓和平衡欠佳而跌倒。倘患者真的連下床的體力也沒有，也建議照顧者適時替患者按摩四肢，促進血液循環。

　　對於正接受放射治療或化療的患者，運動不但可以促進新陳代謝和提升免疫力，更有助恢復體力，提升胃口和睡眠質素。運動期間，大腦會釋放大量安多酚（Endorphin），這種激素能令人產生愉快感覺，有助放鬆心情和釋放壓力。

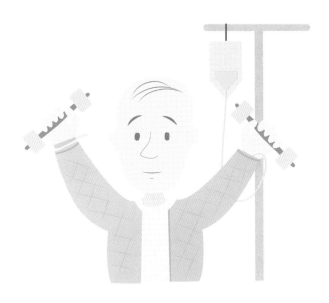

　　目前，不少病人組織均提倡「運動抗癌」的訊息，例如癌症資訊網的單車隊和行山隊，以及由乳癌康復者組成的龍舟隊等。透過運動，一群同路人互相分享、支持和鼓勵，使大家能更正面積極地面對癌症。

　　話雖如此，最重要的是患者應量力而為，循序漸進，選擇適合自己的鍛煉項目、頻率和強度。如有疑慮，可諮詢醫護人員的意見。

80

癌症患者在接受化療期間不可外出，應該在家中「閉關」，以免受細菌感染？

　　對於每三星期為一週期的化療療程而言，患者的白血球數量一般在第七至第十四天偏低，但亦不必過分憂慮，只需避免到人煙稠密和烏煙瘴氣的地方便可。其實，患者到空氣清新的公園或戶外地方散步，反可舒展身心。

81

癌症患者在治療期間不能出國旅遊？

錯誤。即使晚期癌症患者，仍然可以在身體狀況許可的情況下乘飛機和外遊，與親朋至愛享受人生，舒展身心，釋放壓力。一般而言，化療療程每隔三星期進行一次，接受化療後的首星期，患者會比較疲倦，狀態也會稍遜，惟第二及第三星期，患者的狀態通常會逐漸恢復，鼓勵患者在這段期間外遊，趁機小休充電。

82

癌症患者治療期間和治療後不應浸溫泉？

接受放射治療及化學治療期間的患者不建議浸溫泉，因加速血液循環可能會影響腫瘤情況，而且溫泉的熱水亦會刺激治療期間敏感的皮膚。部分人認為溫泉溫度有助殺死癌細胞，但事實上病人在浸溫泉時，體溫達不到全身熱療的要求，故無證據證明浸溫泉對殺死腫瘤有益。

癌症已經治癒，大部分處於康復期之患者都可以浸溫泉，除非本身患有皮膚病則作別論。建議康復後的同路人重新出發，不要太過杞人憂天，積極面對生活更為重要。惟體質太虛者應當慎重，因浸溫泉導致出汗過多，大量消耗，可致風險。鼻咽癌患者在放射治療後，頸及顱內血管狹窄、堵塞或血管易受損傷者亦應慎重或不宜浸溫泉，因有機會增加中風之風險。帶癌生存者，不建議浸溫泉，因加速血液循環或會對腫瘤有負面刺激。

83

患前列腺肥大的男士，患上前列腺癌的風險較高？

　　兩者並無直接關係。但前列腺肥大與前列腺癌症狀相似，例如排尿困難和疼痛等。建議出現這些症狀的患者不要自行斷症為前列腺肥大，應該盡快求醫作詳細檢查方為穩妥。

84

所有久治不癒的傷口或潰瘍都會演變成癌症？

　　理論上，當身體上同一處地方反復發炎，其演變成癌症的機會會增加。然而，倘身體上有超過一個月仍未癒合的傷口或潰瘍便應格外留神，這些傷口或潰瘍可能本身已是癌症，應盡快求醫檢查清楚。

85

癌症引起的疼痛無法有效處理，止痛藥只是「治標不治本」，而且身體會對藥物產生耐藥性，以致所需服用的止痛藥劑量愈來愈高，故應盡量避免服食止痛藥？

這是絕對錯誤的觀念。我們應及早處理由癌症引起的疼痛，使患者減少疼痛造成的心理抑鬱，改善睡眠質素，提升胃口，這才可使治療事半功倍。當腫瘤受控，通常症狀亦會減輕，止痛藥的劑量亦可以相應減低，甚至無須再使用止痛藥。

疼痛的分級是由「簡易疼痛量表」（Brief Pain Inventory）的概念而來。評估的分數從 0 分到 10 分，0 分代表完全無痛，10 分代表最痛的程度（一般認為分娩和被火燒的疼痛為 10 分）。由於疼痛是主觀感覺，每個人能承受的疼痛程度也不同，故藉著簡單的分數來量化主觀的疼痛感覺，便較容易達到評估的目的。

86

治療癌痛的嗎啡類止痛藥物會使人上癮及神志不清？

　　醫生會根據實際需要為患者處方嗎啡類止痛藥。癌症患者在承受痛楚時服用嗎啡，並不會導致成癮。重劑量的嗎啡的確會影響患者的意識，但醫生一般會由低劑量開始處方。患者只需聽從醫生的指示，按醫生處方的劑量服用便無須過分憂慮。當病情受控後，疼痛的症狀一般會減輕，屆時或可停止使用嗎啡類止痛藥。

87

一旦使用嗎啡，便代表患者命不久矣？

　　嗎啡類止痛藥對中樞及周邊神經系統產生作用，可阻斷或減少疼痛的感覺。大部分的嗎啡類止痛藥是處方藥物，適合治療中度至嚴重的疼痛，例如癌症所引起的疼痛。許多人擔心重複使用嗎啡類止痛藥會導致藥物依賴，即所謂的「上癮」，但臨床上所見，當患者處於嚴重疼痛的情況下依照醫生指示使用這類藥物，極少會出現「上癮」的情況。

　　外界常常存在誤解，認為當醫生處方嗎啡類藥物，即暗示患者快將離世，這是絕對錯誤的觀念。當然，部分末期患者出現嚴重呼吸困難及痛楚，這時醫生會以靜脈滴注的方式給予嗎啡，讓患者比較舒服地走過最後一程。

88

懷孕期間及分娩後較容易患上乳癌？

對於健康正常的女性而言，兩者並無關係。然而，婦女懷孕期間體內雌激素水平較高，故對於乳癌患者或康復者而言，這段時間復發機會可能略為增加。此外，乳癌患者及康復者或需服用荷爾蒙藥物一段時間，這些藥物會增加畸胎的發生率，因此，如有計劃懷孕，應與醫生詳細討論。

89

懷孕期間發現患上乳癌，必須進行人工流產，並馬上開始治療？

　　視乎懷孕的週數而定。倘在孕期的首三個月，化療藥物引起畸胎的機會非常高，一般會建議患者進行人工流產後才開始治療。倘屬懷孕後期，或可提早進行剖腹產，然後開始治療。至於懷孕中期，部分藥物可能對胎兒影響較少，建議與主診醫生積極商量對策。

90

同時結合兩種或以上的化療藥物一併使用，療效一定比使用單一化療藥物理想？

　　組合性化療是以兩種或以上不同藥理的化療藥物對付腫瘤，故理論上效果較佳。然而，醫生需衡量腫瘤的惡性程度，以及患者的體質和對治療的耐受程度，來決定使用單一化療或組合性化療。

91

喉癌患者接受治療後便終身不能發聲？

　　視乎腫瘤的位置及期數而定。早期的喉癌患者可以採用放射治療達至根治的效果，這類患者在治療後仍可保存聲線。晚期的喉癌患者則需透過外科手術切除喉嚨，術後需使用人工發聲裝置，並接受有關訓練學習發聲。

　　「香港新聲會」是一個獲得香港癌症基金會及香港公益金資助的非牟利團體。其宗旨是透過自助互助的精神，幫助無喉者及喉癌患者恢復發聲能力，令他們重拾信心，重投社會。

http://www.newvoice.org.hk

92

經常「生痱滋」會增加患上口腔癌的風險？

　　理論上如果同一位置不斷反復發炎，會增加患癌的風險。不過，大多數人每次「生痱滋」的位置不同，故無須過分憂慮。倘「痱滋」超過兩星期尚未癒合便需加倍留神，建議找醫生作詳細檢查。

93

對於大腸癌患者，切除整條大腸，相比只切除一小截大腸，復發機會較小？

　　大腸癌手術的切除方式及範圍，是由外科醫生在手術過程中作出判斷。一般而言，切除的標準是以腫瘤近端及末端的 5 至 10 厘米作邊界，確保切除乾淨，同時亦需切除附近的淋巴核，以減低復發機會。

94

直腸癌患者手術後一定會成為「永久造口人」，社交和生活質素也大不如前？

　　是否需要「永久造口」，視乎腫瘤與肛門之間的距離。一般而言，若腫瘤距離肛門少於 5 厘米便需要「永久造口」。有時候，即使腸道成功吻合，能保留肛門，但為了手術後的康復較為理想，外科醫生會在患者的腹部開一個「臨時造口」，待傷口癒合及完成所有跟進治療後，才將「臨時造口」關閉。

　　對於部分大腸癌患者而言，手術前先接受放射治療及 / 或化療能有效縮小腫瘤，增加保留肛門的機會。

　　順帶一提，其實不少「永久造口人」在熟習造口的護理後，很快便能接受及適應造口的存在，其社交和生活質素與正常人無異。

　　「香港造口人協會」乃一非牟利慈善團體暨病人自助組織，於 1978 年由一群接受了造口手術的人士，在社工及醫護人員協助下成立，其宗旨是透過會員互相支持、分享經驗及交換資訊，協助造口人士康復及重投社會生活。該會亦是「國際造口協會」及「亞洲造口協會」的會員。

詳情可瀏覽：http://www.stoma.org.hk/tc/about_us

95

消化道癌症（例如食道癌、胃癌和結直腸癌）患者
接受手術及治療後，即使康復，消化功能也會大不
如前，例如食量減少、大便次數增加及稀爛、營養
吸收較差？

　　有可能，因為始終失去部分消化道及消化腺，消化功能或多或少會受
到影響，例如接受胃部切除手術的患者，術後食量可能大減。我們建議最
理想是食物的攝取量與手術前盡量大致相同，故患者需調節飲食習慣，少
吃多餐是其中一種方法。

96

小腸和心臟不會生癌？

　　錯誤。在小腸發生的癌症大多數是「類癌瘤」（Carcinoid Tumor），這是一種神經內分泌惡性腫瘤。此外，「淋巴瘤」（Lymphoma）亦可以發生於小腸。

　　心臟亦有機會發生癌症，但較罕見。發生於心臟的癌症大多數是肉瘤（Sarcoma）。

97

癌症患者及康復者不能捐血或捐贈器官？

一般不建議，因為癌症患者及康復者的血液中有機會存在微量的腫瘤細胞，可能會增加接受捐贈者患上癌症的風險。然而，儘管一般癌症患者不適合捐贈器官，但他們仍可於死後捐贈眼角膜。負責移植的醫療小組會先評估每名捐贈人士的情況，然後才決定他們的器官是否適宜使用。

資料來自衛生署器官捐贈網頁：http://www.organdonation.gov.hk/tc/faq.html

98

同一種癌症，醫生建議患者甲接受兩星期的放射治療，卻建議患者乙接受七星期的放射治療。這代表患者乙的病情較嚴重，所需的治療次數較多？

一般而言，七星期的放射治療目標在於治癒疾病，屬根治性治療；至於兩星期的放射治療目標多為減輕晚期患者的症狀，屬紓緩性治療。建議患者如對治療本身有任何疑問，應向主診醫生查詢，切勿妄自瞎猜，自己嚇自己，更無須與其他人比較，因為每個人的病情也不盡相同。

99

標靶藥物和免疫治療不會引起副作用？

錯誤。標靶藥物也可能引起副作用，惟與化療比較，其副作用較輕。部分標靶藥物會增加穿腸和患上肺炎的風險，當然這些情況並不常見。另外，免疫治療有機會引起身體不同器官的免疫反應，倘情況嚴重，會有潛在的致命風險。因此，患者無論接受哪一種治療，都應該向主診醫生了解清楚治療的目的和潛在副作用。

100

「免疫治療」是目前腫瘤科在治療上的最新突破及熱門話題，它可以根治癌症，使腫瘤完全消失？

免疫治療一般用於末期癌症患者身上，作用是控制病情。事實上，目前只有極個別癌症（例如黑色素瘤）有機會以免疫治療達至長久控制。到目前為止，絕大部分末期癌症，即使可用免疫治療，也未能達到根治目的。

Part II

我們的
奮鬥故事

大腸癌 · 關女士

　　2015 年患上大腸癌的關女士，因為有一次發現自己的大便跟平時不同而去做了大便隱血測試，之後再作進一步檢查，最後被確診患上大腸癌。「當醫生告知化驗結果時，我的心往下沉，感到徬徨，更擔心自己會否痊癒。」隨後，關女士經轉介到公立醫院接受了一星期五日，每次一小時的電療及化療。「一開始接受治療的時候，十分擔心病情，感到非常害怕；而且我的血管較幼細較難找，所以每次打針也需要花較長時間去找血管的位置。我慶幸得到家人和子女的支持才可以克服並完成整個療程。在治療期間，我的胃口差得很，容易攰，有時會感到忽冷忽熱。此外，便秘的情況亦開始出現。」關女士為了改善自己的體質，她每天都會堅持做運動，更會到圖書館借閱有關癌症治療的食譜，烹調適合自己的菜式以提升食慾，讓自己有足夠體力面對治療的挑戰。聽說有些病人在治療期間會出現嚴重口腔黏膜炎，關女士慶

幸自己得到醫生和護士悉心的照顧，並教授口腔護理方法，這情況在治療期間不算嚴重，令她的心情和身體情況都可以緩和一點。

現在資訊發達，只要安坐家中，也能從網上得到不同的癌症資訊。關女士就曾經從網上和朋友口中聽過一些似是而非的癌症訊息，例如癌症病人不宜吃糖，煎炸食物和海鮮。對於這些資訊，關女士感到半信半疑，十分迷惑。**在治療期間，因為胃口的改變，關女士會嘗試不同食物的配搭，盡量令自己能夠吸收足夠營養。可是鑑於這些傳言，令到食物搭配的種類變少，影響胃口和營養的吸收。關女士就因此試過兩次血液內白血球含量太低而要被迫停止治療，令整個治療療程延誤了兩星期。後來關女士詢問了醫生和營養師的意見，他們都認為沒有戒口的需要，反而要盡量進食不同有營養的食物，吸收蛋白質和熱量。**

醫院營養師曾提及，在治療期間要保持體重和抵抗力，於是關女士選擇飲用能提升免疫力的營養補充品。熱帶水果味較易入口，在治療期間有助提升食慾和營養。經過一段時間後，她發覺自己的精神狀態有改善，體重也有上升，而且每次進行化療時醫生也很滿意她的白血球指數。最後關女士能夠順利完成療程，並已經痊癒，現在只需每三個月到醫院覆診一次。

康復後，關女士加入了癌協的病人互助小組，並以過來人身份向其他同路人分享癌症治療期間遇到的困難和解決方法。回望過去，關女士十分感謝曾經照顧她的醫護人員，令她可以順利完成療程。另外，家人和朋友在治療期間的支持和鼓勵也讓她有更大的推動力去克服眼前的困難。

乳癌 ・ 黃馨儀小姐

馨儀是乳癌的康復者，在 2016 年 12 月剛剛完成漫長的治癌療程。她在手術後，進行了 6 次化療和 25 次電療。在訪問的過程中，她娓娓道出了個人的患病經歷，言談間更是充滿能量，她希望藉著自己的經歷，勉勵更多的同路人勇敢地面對治療。話語間，我經常聽到她咯咯的笑聲，洋溢著成功熬過治療的喜悅和感恩，以及她在康復後，急不及待要重新投入生活的熱情。

在 2016 年 4 月，馨儀偶然在洗澡時發現乳頭凹陷，心感不妙，故此立刻前往見外科醫生。經過不同的檢查，被確診為乳癌，且必須立刻進行乳房及淋巴切除手術。她當下感到非常徬徨無助，從來沒有想過自己會患上癌症，「當時，我不停問為何我會患上乳癌？為何偏偏選中我呢？我感

到惶恐，腦海中出現很多接受治療時的畫面，擔心在接受化療和電療時一定會感到痛苦和難受。我起初從網絡上尋找有關癌症的訊息，得知治療期間會出現掉頭髮、口腔潰爛、嘔吐、無味覺等副作用，愈看愈是害怕，擔心自己不能應付。這些網絡上的資訊，既多又容易取得，但有時我也很難分清真假，這使我感到十分困惑。」

　　馨儀的手術非常成功，接下來她便要應付化療和電療。她自言患病前是個外向好動的人，閒時也不會留在家，喜歡四處旅遊，她還會經常到教會與教友聚會。可是，在首 3 次化療後，她的身體明顯比從前虛弱，平日活躍的她，在家中來回走動也會喘氣。在完成第 4 次化療後，副作用更是明顯，她的手腳持續腫脹和麻痺，大小關節都感到陣陣刺痛。「當時我連拿起電話致電朋友也感到吃力，而每次上廁所也只能慢慢一小步一小步走過去。那時候，我有點負面的想法，擔心化療的副作用不會消失，自己的下半生只能待在家中，不可以像從前一樣四處旅行和見朋友。」幸好得到醫生及護士的耐心解釋，馨儀了解到疲倦和肌肉無力只是化療期間暫時的副作用，完成化療後便會慢慢消失。「感謝醫護人員釋除了我的疑慮，讓我安心繼續治療，戰勝癌魔。」

　　在病榻中度過漫長的歲月，她感恩身邊滿有小天使，「我在治療過程中，感受最多的不是痛苦，反而是愛。」在患病期間，牧師和教友給予馨儀很大的支持，教會的朋友經常陪伴在她左右，鼓勵她振作並樂觀地面對，提醒她注意飲食及作息。

「每次打完化療針，我連進食的力氣也沒有，加上味覺改變了，任何食物都變得淡而無味，食慾很差。」後來馨儀從一位教友得知她患有血癌的女兒同樣曾在治療期間出現食慾下降，並以免疫營養作補充，滿足身體的營養需求，打好營養基礎來面對治療。在治療期間，馨儀每天都飲用免疫營養，補充能量和癌魔對抗。

「我的體重並沒有明顯下降，每次化療前的白血球指數皆達標，驗血結果都令醫生滿意，所有共 6 次的化療都能順利按時完成。聽說口腔黏膜炎是很常見的治療副作用，慶幸在整個療程中，只出現過一次，且很快復原，令我在飲食方面未至造成影響。」

「現在我已經完成所有治療，我最開心是聽到很多朋友都說我很『生猛』，一點也不像曾經患病，未來我會保持良好的生活習慣，減低復發的機會。」

馨儀在康復後，朝氣勃勃，已經開始上班工作。她非常感謝上司讓她重回崗位，以及同事們在她患病時分擔她的工作。作為過來人，她深深明白在治癌過程中，患者會出現不同的困擾和疑惑，故在空餘時，她會探訪正在接受治療的患者，為他們分憂，又會主動分享自身患病的經歷，希望用自己的故事作見證，鼓勵他們勇敢面對治療，馨儀盼望能成為他們身邊的小天使，把痛苦化作恩典，讓他們感受愛和希望。

胃癌 ・ 羅先生

　　2016 年 2 月某天，我的丈夫睡醒後感到胃部不適，起初向中醫求診，被診斷為胃氣脹，且給了三天中藥。第一天服用中藥後，情況有少許好轉；但其後數天，病情卻沒有任何改善。於是轉往西醫求診，醫生用聽筒替我的丈夫檢查，聽到胃部發出「咕嚕咕嚕」的聲音，醫生也認為是胃氣脹，便處方了一些西藥。可是，我的丈夫把所有藥物服用完後，情況依然沒有好轉。於是我們再一次求診，但醫生仍然只是給了數天份量的藥便了事。

　　為了更準確找出我的丈夫胃痛的成因，最好是讓他接受胃鏡檢查。可是檢查有一定的風險和痛楚，所以遲遲未有進行，直至我的丈夫胃部不適的情況漸趨惡劣，卻一直無法找出問題所在，最後還是決定為他安排胃鏡

檢查。結果顯示胃的下半部分有腫瘤，情況嚴重得連姑娘也問為何不早點來進行檢查。

剛知道消息後，猶如晴天霹靂，我們感到驚慌失措，慢慢才能接受這個事實。仔細回想，我的丈夫因日常工作需要，常常出外應酬，大吃大喝，又常飲啤酒，飲食失衡，患上胃癌實在有跡可尋。與其怨天尤人，倒不如以樂觀開懷的態度面對，我們決定盡力做好每件事，但願我的丈夫能夠盡快康復。

當下我們決定向私家醫生求診。醫生說幸好腫瘤不是長於胃的上半部分，否則便要把整個胃部切除；現只需切除整個胃部的三分之二，真是不幸中之大幸。手術後我的丈夫需要服用化療藥物，一個週期為六星期，於每週期內服食藥物四星期，然後休息兩星期，重複八次，整個療程為期一年。

接受治療前，我的丈夫曾擔心化療會帶來很多副作用，我們因此想了很多應對方法，如脫髮時可戴帽或假髮。醫生亦預先告知化療期間應避免的事情及可能出現的副作用，例如病人不可以曬太陽以免長出水泡，以及指甲及其邊沿可能會變成啡色等；在飲食上亦需多加注意，例如不可以吃柿子、靈芝和刺激性的食物。

我起初以為癌症病人不能吃補品，以免為癌細胞提供營養，助長其生長。誤以為病人應進食天然食物攝取營

養，只有到病情嚴重至病人無法進食，才需要服用營養補充品。 我擔心我的丈夫於化療期間出現副作用和食慾退減，於是諮詢醫生有關意見及解決方案，醫生建議進食高熱量和高蛋白的食物，吸收足夠的營養，打好基礎，接受治療。醫生亦建議我的丈夫飲用免疫營養以維持體力和緩和化療副作用。

基於大部分親戚都在加拿大生活，而且我在香港又沒有太多朋友，所以一切大小事務都只能由我一力承擔，包括照顧我丈夫的飲食和處理家務。沒有親友幫忙，額外的工作令我感到十分吃力，常常都認為自己未能為我丈夫帶來最好的安排和幫助，因而感到很大壓力，且覺得心力交瘁。

幸好，我丈夫的手術順利完成，化療亦已在進行中，他閒時會到圖書館閱讀，不會長時間待在家中，空閒時會外出走走，接觸社會，保持身心健康。現在療程已進行了一大半，癌症指數由起初 36 降至 1.8，他的精神飽滿，活動能力正常，情況令人滿意。我們對康復都抱有很大的期望。

子宮內膜腺癌 · 周女士

　　周女士在家人陪同下走進了腫瘤科醫生的診所，只見她臉容比平常憔悴！

　　周女士是典型的家庭主婦，多年來一直忙於照顧丈夫和子女的日常起居飲食。年紀漸大，開始進入女性必經的更年期；不知從何時開始，月經不再規律，可能每隔兩三個月才會來一次。不過這一次一停就停了十個月，原本以為月經不會再來，不過這個「老朋友」又突然出現，而且這一次來得特別長，特別多，她意會到身體可能出現了毛病……在家人的鼓勵下，她決定放下繁瑣的家務，到私家醫院進行身體檢查。醫生建議她進行一次全面的超聲波檢查及抽取組織化驗。檢查結果顯示她患上了第一期子宮內膜腺癌，幸好腫瘤還沒有擴散，還來得及治療。

周女士對自己身體的情況很清楚，知道確診消息後，手緊握住丈夫的手，心情卻十分平靜，心底裡很明白接下來要跟癌細胞打一場硬仗。跟腫瘤科醫生商量後，她決定進行手術及電療。手術比預期順利，很快就進入電療階段。進行電療的時間基本上跟上班一樣，由星期一到星期五，每天都要到醫院報到，接受電療。初時並沒有特別痛楚，不過在破壞癌細胞的同時，鄰近健康的細胞都被受影響。故此，其後電療位置附近陸續出現副作用，疼痛難受。整個下半身都出現痛症以及肚瀉，肚瀉的次數逐漸頻密，大便成水狀。周女士每天都足不出戶，不停要上廁所，頻繁的如廁對生活造成諸多不便，令她無所適從。日常生活除了覆診外，都只能夠留在家中，度日如年。感恩的是治療期間周女士得到家人的支持，獲得精神和生活上的鼓勵，體現了患難見真情。在她患病期間，家人的照顧更是無微不至，忙碌上班的子女分擔了日常家務；丈夫既要擔當家庭的經濟支柱，又充當家庭主婦的角色，每天放工到街市買菜煮飯，更請假陪周女士到醫院覆診，周女士說：「如果沒有這位好丈夫，我的抗癌日子真的不知道要怎樣撐下去！」

　　此外，周女士身邊還有很多關心她的親戚和朋友。在患病初期，有不少親友都勸她要注意飲食，提醒她要戒掉某些食物。每天所收到的電子訊息多不勝數，當中提及很多食物都不能吃，甚至飯也要戒，莫說雞肉、牛肉，連紅棗都不能吃。平常可以吃的食物，選擇一日比一日少，後來才發現有很多文章都沒有科學根據，只是謬誤和訛傳。加上當時因治療而引致的肚瀉令吸收能力減弱，戒口不單使她的生活變得十分枯燥，身體營養狀況更是每況愈下，日漸消瘦。轉眼間，體重已下降了五磅，跟患病前體型

活脫脫是兩個人。**可惜，當時身邊並沒有一個可以為她解決疑惑的朋友，所以只好盲目跟從坊間傳言。**

　　幸好，在醫院的治療期間得到很多醫護人員的幫助，為她解決了不少疑難。周女士從同路人得知免疫營養的重要性，在手術前和電療期間補充營養，得以令體重回升及順利完成整個療程。其中，營養師、護士和醫生都鼓勵周女士要多進食高蛋白及高熱量的食物，選擇要均衡，再配合免疫營養補充品以加強身體狀況。

　　覆診的時候，醫生跟周女士說：「你已經康復了！」

　　醫生這句說話為周女士打了一支「強心針」，治療在不經不覺中就已經一步一步地撐過去了。現在，周女士已經回復正常的生活，跟患病前沒有兩樣，唯一不同的是康復的經歷使她明白到生命可貴之處，以後會更珍惜和家人相處的每一刻。

淋巴腺癌 · 張女士

　　回想 2016 年 7 月那天，因喉嚨感覺不適，便向中醫求診。我當時被診斷患上慢性咽喉炎，服用中藥兩星期，但效用不大。一個月後，再到長洲醫院見家庭醫生，這次服用的是西藥，病情卻依舊沒有好轉。不久後，我偶然發現頸部右側有兩粒硬核，在徬徨和焦慮下，我向耳鼻喉專科醫生求診。在抽取樣本化驗後，並未有甚麼發現。我聽從醫生的指示，服食一星期抗生素，可是病情依然沒有好轉，反而硬塊有擴大的跡象。於是醫生便安排我再次住院，作第二次詳細的檢查，由於在這次的樣本中發現有癌細胞，於是便進一步抽骨髓化驗及進行全身正電子掃描，我最終被確診患上淋巴腺癌。

當時的我是何等懼怕、無助和絕望，我不斷埋怨為甚麼患病的偏偏是我！？為甚麼病魔總是降災於我的家？弟弟在二十多年前因鼻咽癌逝世，幾年前嫂嫂又不幸患上乳癌，如今卻輪到我遭遇不幸！在萬般無助之下，我決定向嫂嫂傾訴。她既是一位我很欣賞的長輩，又是一名乳癌康復者。嫂嫂以同路人的身份和我分享了她的抗癌經歷，她一邊開解我，一邊鼓勵我積極地面對現實，我終於放下執著，開始接受治療。

2016 年 9 月 1 日，我獲轉介見血液科醫生，並安排於一星期後進行第一次標靶治療，隔天再接受化療。整個療程共要做六次化療和標靶治療，為期四個月。在進行化療期間，產生了很多不同的副作用，例如是口腔黏膜炎，我感到非常疼痛以致難以進食，令胃口大減，根本無法吸收營養來支持身體面對癌魔；此外亦有頭髮脫落的情況出現。**這段期間我的身體很弱，白血球數量下降，需要打增強白血球劑，同時我也嘗試服用坊間聲稱可提升白血球的秘方，可是都不得見效。**

幸運的是，一方面我得到不同醫護人員的指導和建議，另一方面有經驗豐富的嫂嫂為我分析相關的臨床報告，最後決定選用免疫營養配方來增強抵抗力！

經過四次標靶及化療後，在醫生的安排下，我再次抽取骨髓化驗及進行正電子掃描檢查，確定病情已受控制。而且血液檢驗結果良好，白血球指數回到理想水平，只需再做兩次標靶治療和化療便能完成整個療程。

2017 年 2 月 2 日，是一個喜慶的日子，我順利完成了第六次的標靶治療及化療！回想這段治療的過程就如「行刑」一樣，身心都承受著沉重的壓力！感謝身邊親人的支持，以及仁心醫護人員的鼓勵，令我順利完成治療。得以再次勇往向前，期待更美好的明天！

　　我能夠重拾健康，有賴背後的三大支柱：第一是我的丈夫，他給我無微不至的照顧，在醫院接受治療及無數次的覆診期間，他不眠不休，既不埋怨，又不投訴。第二是我的一對兒子，他們也給了我很多的支持和鼓勵。雖然抗癌路程漫長，但為了他們，我一定要以樂觀的態度去面對挑戰。第三是要多謝我的護士嫂嫂，她主動搜集資料及為我安排約見專科醫生，希望在最短的時間內找出我的病因，以免延誤治療！我以她為癌症康復者的榜樣，努力地面對治療路上的挑戰，同時積極參與義務工作，並寄語同路人：「癌症不是絕症，醫學科技愈來愈進步，有新的藥物可以幫助我們重燃希望。最重要的是要放開心懷，沉著而冷靜地面對挑戰，無須懼怕，那麼明天一定會更好！」

鼻咽癌 · 陳蔡女士

　　49 年前的冬天，一個我本以為是一切如常的日子，癌症卻突然向我招手……而當年的我只有 18 歲。

　　那個早晨，我如常在家中幫忙處理家務和照顧弟妹。在沒有受傷又毫無徵兆的情況下流鼻血，流出來的鼻血載了一個又一個的面盆。我的臉開始發青，弟妹也被如此突發的事情嚇壞了。家人立即把我送到長洲醫院的急症室求醫，奈何我待了半天也無法把鼻血止住。下午，家人和我決定到市區醫院求醫。1968 年的交通配套並不如現在般完善，沒有緊急醫療運送，渡輪班次亦不多。幸好我們家是漁民，於是我們便拿著盆子乘坐漁船到佐敦道碼頭，再轉乘的士前往伊利沙伯醫院。不枉長途跋涉，舟車勞頓，數小時後醫生終於把鼻血止住了。由於早前姊姊確診患上鼻咽癌，醫院安排

我到腫瘤科門診預約檢查。香港當時未有癌細胞化驗技術，腫瘤科醫生安排我先在港抽取鼻咽組織，再送往美國作化驗，整個過程歷時長達六至八星期。

化驗報告顯示我患上了第一期的鼻咽癌，而不是末期，實在感恩！我還有治癒的機會！醫生告訴我電療後 10 年內不能夠脫牙。因此，基於安全理由，我需要在電療開始前剝去部分臼齒和蛀牙。待脫牙的傷口癒合後，便開始製作護模，準備展開療程。1969 年 4 月 1 日，我開始進行連續 30 多次的電療。由於我已剝去部分臼齒，咀嚼食物需要花上更多的時間和氣力，我只可進食蒸煮豆腐和魚類等質地較軟的食物。電療初段出現的口腔疼痛使我食慾不振，而到了中後期，口腔潰爛的情況愈趨嚴重，持續的疼痛令我無法吞嚥，進食每一口都猶如刀割，我只可以勉強飲用一些稀粥、魚湯和牛奶充飢及補充營養。

從前社會上沒有甚麼病人支援，資訊又沒有現在發達，我只可以把問題記錄下來，覆診時向醫生、護士和放射治療師查問。**親戚聽說癌症治療期間需戒掉「毒物」，如牛肉、鴨肉、鵝肉、蝦蟹類和筍類等，還不可吃辛、辣和酸的食物。當時的我並不知道這些說法是否正確，但為了健康著想，也只好先戒掉，以策萬全，所以最後可以選擇的食物種類極少。**

電療期間頭頸皮膚很容易破損，又不能沾水，因此無法正常洗澡，只可用毛巾沾水，小心輕擦肩膊以下的地方。日常家務和照顧弟妹時都要格

外小心，避免弄濕皮膚。除此以外，電療令我的頭頸皮膚變黑、頭髮脫落，從外表看來我像有傳染病，旁人都對我避之則吉，這些目光令我感到十分難堪，我唯有戴帽外出。治療期間，我幾乎完全失去正常的社交生活。

　　幸運地，我的癌症得以治癒，當我滿以為可回復從前的生活方式和習慣，我卻發現我的牙關緊了，張口的幅度大大減少，需要把食物切成小塊方可進食。另外，口腔的神經線和唾液腺都受到不同程度的傷害，導致味覺減弱，口水分泌減少，每次外出必須自攜清水；進食時還不時出現「落錯格」的情況，食物錯誤落入氣管時，持續咳嗽一段時間才能把食物咯出，有時甚至會由鼻腔噴出，令我感到十分尷尬。隨著時間過去，不同的副作用陸續浮現，流鼻血和生「痱滋」的次數較健康的人多；耳鳴也愈見頻繁，聽力漸漸下降，近年的情況更為嚴重，醫生建議我配戴助聽器改善情況。而變黑了的皮膚更是難以補救，從外表看來，我比真實年齡老了十歲。

　　感恩在近半世紀後，我有兒有孫，三代同堂。還有機會以同路人的身份和大家分享我的經歷，讓大家早一點知道鼻咽癌患者可能會遇到的問題。現在的醫療科技先進，具有多樣化的癌症治療方法，更有不同的營養補充食品提升免疫力以紓緩治療副作用。營養補充在治療期間非常重要，戒吃肉類和海鮮只會令蛋白質吸收機會減少，決不能過度戒口和斷食。各位癌症同路人應多與醫護人員溝通，積極面對，及早治療。

肺癌 · 陸女士

　　中國人有句說話：「福無重至，禍不單行。」2008 年，一向勤儉，為家庭默默付出的陸女士，同時發現了身體潛伏著兩個計時炸彈。「當時我在崇光百貨當保安員，那幾天適逢週年誌慶，人流很旺，工作非常繁忙。一天下班回家後，我低頭吃著粥之際，忽然感到背部一陣劇烈的痛楚，那種痛楚非言語所能形容，我痛得幾乎昏厥過去。兒子見我這樣辛苦，便打電話叫救護車送我到醫院。」

　　到了醫院，醫生替陸女士照了 X 光，發現她的肺部有些不尋常的小斑點，於是安排電腦掃描。「電腦掃描除了顯示我的肺部有腫瘤之外，還發現我的腹部大動脈長了一個像雞蛋般大小的血管瘤。」人所共知，肺癌乃是本港第二位常見的癌症，更因其死亡率高，故有頭號癌症殺手之稱；然

而，「腹主動脈瘤」雖然並不常見，卻是一種嚴重和致命的疾病，可謂「無聲的殺手」。一般的腹主動脈直徑約兩厘米，若腹主動脈瘤愈大，破裂的機會愈高，而腹主動脈瘤破裂是最災難性的疾病之一，屬於極兇險的血管科急症。若未能及時治療，有62-91%病人可能在一周內死亡。最可怕的是，腹主動脈瘤在破裂前一般全無病徵，只有小部分患者偶爾會感到腹部或背部疼痛。陸女士的腹主動脈瘤有雞蛋般大，因此已到了危險的邊緣。

「醫生建議我先動手術處理腹主動脈瘤，因為這個手術比肺癌手術更難、更複雜。由於我的個案不適合放置支架，加上血管已有裂痕，所以要鋸開肋骨……聽到這裡我已怕得在發抖，沒想到這時候醫生還加上一句，叫我手術前要處理好家庭、銀行戶口等事情，彷彿要準備好身後事一樣！」聽了壞消息的陸女士，心一直往下沉，眼淚失控地直流，完全無法接受。突如其來的雙重打擊，令陸女士感到死亡霎時間如此接近！

幸好，手術十分成功，陸女士總算勝了死神一仗。三星期後，陸女士需要接受另一個挑戰：肺癌切除手術。「雖然兩次手術都總算成功，但感覺像從鬼門關折返人間一樣，身體非常虛弱。當時胃口欠佳，沒氣沒力，連在家裡走幾步都要扶著牆壁。」最艱難的日子，陸女士感恩身在廣州的兄弟姊妹，輪流來香港陪伴她和照顧她的起居飲食。

患病期間，陸女士從多方聽到有關癌症的飲食宜忌資訊，例如不可吃雞肉，因為有激素；不可吃海鮮，因為「有毒」……陸女士坦言，起初她也感到困惑，幸好她懂得尋求醫護人員的意見。「我向西醫和註冊中醫請

教，他們不約而同地解釋，**癌症患者不適宜胡亂戒口，因為會影響營養的吸收，有礙康復。只要飲食均衡，喜歡吃的食物也不要過量，偶一為之是可以的**。當然，刺激性的食物，例如煎炸、肥膩和辛辣的食物便可免則免。」陸女士認為，坊間似是而非的傳言不應盡信，最穩妥的做法是向醫護人員查詢。「醫護人員具專業知識和臨床經驗，他們一定會給你正確的意見。」

患病前的陸女士，多年來為了家庭勤奮工作，省吃省用，甚至試過做一份正職、兩份兼職；自 2008 年患病後，她已即時辭去所有工作。「以前，我只懂拼命工作，全無娛樂，豈會料到病魔忽然降臨自己身上？從鬼門關繞了兩圈，僥倖回到人間，我深深體會到人生無常，你永遠不會知道『明天』和『下輩子』哪一個會先來。我現在會活在當下，不時出國旅遊，及時行樂。」同時，陸女士亦體會到親情的可貴。「多得兄弟姊妹的照顧和支持，更難得的是他們各人的配偶也同樣輪流從廣州來港照顧我。當時如果沒有他們，這條路真的不知如何走下去。有他們陪著我，我才能堅強地面對疾病帶來的衝擊。」

現時，陸女士除了及時行樂，也不忘保持良好的生活和飲食習慣。愛自己，就是對家人最好的回報。

前列腺癌 · 李先生

　　李先生是前列腺癌康復者。他爽朗的笑聲和積極樂觀的做人態度，令人無法想像他曾經與癌症拉上關係，從外表更看不出他是一名 67 歲的長者。「我很喜歡做運動，身體一向健康，只是有點血糖和膽固醇偏高，要定期覆診和驗血。2012 年 10 月左右，我感覺排尿次數比之前頻密，而且排尿有點不順，於是覆診時順便告訴醫生。起初醫生為我處方前列腺肥大的藥物，但服藥兩個月，情況也未有改善，醫生便為我抽血檢驗，結果發現 PSA（前列腺特異抗原）指數超標數倍，最後經過一連串檢查後，終證實是第二期前列腺癌。」

　　確診後，李先生接受了 38 次放射治療，每天一次，歷時個半月。「起初醫生說可以動手術切除，但磁力共振顯示腫瘤位置並不適合，故建議我

進行根治性的放射治療。雖然完成放射治療後，癌細胞已不見蹤影，但為了鞏固療效，我仍要接受荷爾蒙治療，每隔三個月一次，一共打了 12 針，於 2016 年 4 月完成整個療程。」

李先生不諱言，確診之初，心情難免感到徬徨，但性格正面樂觀的他，很快便能接受事實。「確診後的首兩星期，我和太太都很擔心。後來我們漸漸消化了壞消息，接受了事實，覺得有病便想辦法醫治，不明白的便問醫生，無謂杞人憂天和自己鑽牛角尖。**是好是歹都要過日子，何不快樂過每一天？整天苦著臉，癌細胞也不會消失的。**」

話雖如此，李先生在接受第五次放射治療後，副作用逐漸出現。「放射治療的副作用是腹瀉，經常要上洗手間，令我不敢外出，經常躲在家中。即使外出，也要確定所到的地方有洗手間，例如商場。腹瀉的情況直至完成治療後整整一年才有好轉！至於荷爾蒙治療的副作用較輕，只是間中出現潮熱，即無緣無故地冒汗。我認識一些同路人因荷爾蒙治療引起骨質疏鬆，慶幸我卻沒有出現這種情況，這或許跟我有運動底子有關。無論患病前或患病後，我都經常運動，鍛鍊筋骨，這對身心都有益處。」李先生表示，治療並沒有影響他的胃口，他的飲食習慣與患病前沒有太大分別。由於李先生血糖和膽固醇偏高，因此他選擇依從營養師的建議或餐單進食。「我注重均衡飲食，沒有特別戒口，也沒有額外進補。」李先生笑著說。「患病期間，身邊不時有人介紹所謂『神醫』給我，又不時收到一些似是而非的資訊。我比較相信西醫、相信科學，對於來歷不明的資訊，我會抱懷疑的態度。其實，如果需要正確的資訊，可以向醫護人員查詢，或瀏覽醫院管理局的網站。」

抗病期間，李先生感謝太太的不離不棄和全天候式照顧，還有身邊親友的支持也為他和太太帶來力量。此外，李先生不忘感謝醫護人員的幫助。「東區醫院的醫護人員非常好，對我關懷備至，除了在醫藥方面給我建議，還介紹我參加有關的講座和病人分享會。」李先生自言，康復後的身體狀態跟患病前分別不大，生活質素也沒有改變。現時，他空閒時便到病人組織當義工。「我覺得自己有一份使命感，希望為同路人出一分力。到了我這把年紀，其實更應保持活躍，多與朋友聯誼，保持心境開朗。」

Part III

治療
方法

癌症的治療方法主要視乎癌症的種類、病情的分期（癌腫的大小及擴散程度）、患者的年齡、身體狀況、對副作用的耐受程度及經濟負擔能力。一般而言，早期癌症以外科手術切除腫瘤為主。部分患者或需在手術前或手術後輔以化學治療及／或放射治療，增加手術的成功率及盡量減低復發機會。總括而言，癌症是複雜的疾病，病情和症狀千變萬化，沒有一種治療方法或藥物適合所有患者，醫生會平衡各方面的利弊作出取捨，單獨使用或結合多於一種的治療方法，為患者度身訂造最佳的治療方案。

1. 外科手術（Surgery）

早期癌症若能以外科手術切除腫瘤，根治機會將大大提高。外科醫生會評估腫瘤的大小、位置（例如是否靠近主要血管）及患者的健康狀況（例如麻醉風險、手術後會否嚴重影響身體機能等），從而決定患者是否適合接受手術。

近年，外科手術的進步，由傳統的剖腹手術發展至腹腔鏡或機械臂輔助手術（又稱「微創手術」）可見一斑。顧名思義，「微創手術」減低了手術的創傷性，同時減少患者在手術中失血和發生併發症的機會，傷口小，術後復原更快，患者住院的時間也得以縮短。

部分患者需於手術後接受輔助性治療，包括化療及／或放射治療，藉此鞏固療效，減低復發機會。這是由於癌細胞有機會在手術前已經由淋巴系統或血液轉移至身體其他部位，這些極微量的癌細胞是肉眼看不見並處於休眠狀態潛伏體內，假以時日再度活躍起來且不受控制地生長，於是便

出現復發的情況。術後輔助性治療就是為了進一步殲滅殘留於患者體內的癌細胞，將復發機會減至最低。

除以根治為目標外，有時候外科手術也被用作控制症狀及減輕患者痛苦的方法，例如處理由腫瘤引起的脊髓壓迫或腸道阻塞等症狀。

2. 放射治療（又稱「電療」，Radiotherapy）

放射治療大致分為體外放射治療和體內放射治療兩種，前者乃利用直線加速器產生之高能量放射線來破壞癌細胞的 DNA，使其失去分裂、生長和擴散的能力。每次治療需時約 5 至 30 分鐘，像照 X 光和電腦掃描一樣，患者不會感到痛楚。患者離開放射治療室後，身上不會帶有任何輻射，故不必擔心接受放射治療後會影響身邊人的健康。

放射治療屬局部治療，可作為根治性治療，如鼻咽癌、前列腺癌、子宮頸癌等，能單獨用放射治療治癒；放射治療也可用於手術前縮小腫瘤或手術後鞏固療效。另外，放射治療可作紓緩治療，減輕患者的不適或痛楚（例如因癌細胞出現骨轉移所引起的骨痛）。當然，接受放射治療期間或會同時破壞正常細胞，視乎治療位置及劑量，可能發生的副作用包括：

(i) **疲倦：**接受放射治療期間，身體會消耗部分能量來修復正常組織的損傷，這個過程會使患者感到疲倦。只要患者多休息及補充營養，一般都能改善疲倦的情況。

(ii) 皮膚反應：接受放射治療的部位，視乎劑量，皮膚可能會泛紅、發癢及顏色變深。隨後，皮膚可能變得乾燥，甚至脫皮和疼痛。患者應注意防曬及使用放射治療專用的潤膚膏來保護皮膚。

(iii) 血球數量下降：若放射治療牽涉大範圍的骨骼，治療期間可能導致白血球或血小板數目減少。白血球的功能是幫助身體抵抗細菌感染，血小板的功能則是幫助凝血。如果血液檢查發現白血球或血小板數目太少，會暫時停止治療，待白血球或血小板恢復正常後再繼續治療。建議患者多進食營養豐富的食物，需要時可飲用癌症病人專用的免疫營養配方飲品，有助提升血球數目。

(iv) 口腔反應：頭頸癌患者接受放射治療會增加蛀牙的機會，因此在療程開始前應先看牙醫檢查牙齒。此外，這類患者在療程期間較易患上口腔黏膜炎，故應注意口腔衛生。要減輕口腔黏膜炎，可使用鹽水或醫生處方的漱口水漱口、使用軟毛牙刷及進食較軟和容易吞嚥的食物。

(v) 腸胃反應：若放射治療範圍涉及胃部，會引起胃痛。而腹部和盆腔部位的放射治療會引起噁心、嘔吐，腹瀉等副作用，但通常不會太嚴重，醫生可處方藥物紓緩這些副作用。

科技日新月異，放射治療的方法及直線加速器不斷改良，例如目前有「影像導航」、「立體定位」、「螺旋電療」、「速弧系統」和「數碼導

航刀（Cyberknife）」等等，均能更精準地照射患處，減低對其他正常組織的傷害。其實，大部分放射治療的副作用屬暫時性，完成治療後會漸漸消失，故患者不必過於憂慮。

3. 化學治療（又稱「化療」，Chemotherapy）

化療乃利用抗癌藥物破壞癌細胞並使其凋亡。由於化療藥物主要針對迅速生長及分裂的細胞，因此在摧毀癌細胞的同時，亦有機會破壞生長速度快的正常細胞，例如骨髓、毛囊細胞、口腔及腸胃黏膜細胞等，造成以下常見的副作用：

(i) 脫髮：部分化療藥物會影響毛囊，引起不同程度的脫髮。脫髮屬暫時性，療程結束後，毛髮便會重新長出。建議患者可使用質地柔軟和透氣的頭巾或帽子，亦可配戴假髮。

(ii) 噁心嘔吐：現時使用的化療藥物，出現噁心嘔吐的副作用已愈來愈少，並且可透過醫生處方的特效止嘔藥予以控制。此外，患者應少吃多餐，避免進食煎炸、油膩、脹氣和刺激性的食物，需要時可飲用為癌症病人專用的免疫營養配方飲品補充身體所需之養分。

(iii) 白血球減少：化療可能抑制骨髓造血功能，引起白血球數量減少。當白血球數目偏低時，患者的抵抗力便會下降，容易發生感染。因此，患者在接受化療期間，應特別注意個人衛生，避免進食隔夜及未經煮

熟的食物，並盡量少到人煙稠密的地方。另外，患者要注意營養，多攝取蛋白質豐富的食物，使白血球數量回升。醫生亦可根據個別患者的需要為其注射升白血球針以策安全。

(iv) 血小板減少： 某些化療藥可能引起血小板減少的副作用，因而限制了用藥的劑量。血小板數目減少，最明顯的後果是增加出血的風險。臨床徵狀包括容易出現瘀傷、瘀斑、紫癜、牙肉出血和月經過多。要防止或盡量減少有中度至高風險的病人出血，建議做法如下：1. 避免肌肉注射；2. 避免創傷；3. 減少活動；4. 避免使用會改變血小板功能或凝血功能的藥物；5. 宜用電鬚刨剃鬚。

(v) 腸胃反應： 化療藥物可影響腸道黏膜細胞，引起腸胃不適，當中最常見的是胃痛、腹瀉或便秘。如出現腹瀉，患者應減少攝取奶類、高纖維和肥膩的食物，需要時醫生會處方止瀉藥。如出現便秘情況，則應多攝取水分和膳食纖維，同時保持適量運動。如情況持續，應盡快求醫。至於胃痛方面，醫生可處方胃藥緩解不適。

(vi) 口腔潰瘍： 化療藥物或會破壞口腔黏膜，引起潰瘍及不同程度的口腔黏膜炎，患者會感到口腔疼痛和吞嚥困難。患者應選擇溫度合宜、柔軟和易於吞嚥的食物，同時需注意口腔衛生，勤用生理鹽水或醫生處方之漱口水漱口。倘情況嚴重影響患者進食及營養攝取，必須尋求醫護人員的意見和幫助。

不少人對化療存在根深蒂固的誤解，認為化療是洪水猛獸，副作用嚴重，因此尚未開始治療便十分抗拒。事實上，近年化療藥物不斷改良，副作用已愈來愈少，加上現時有不少藥物可預防或處理化療所引起的副作用，故患者實在無須過於憂慮，被自己固有的錯誤觀念嚇倒。只要保持正面的情緒，積極面對治療，與醫生坦誠溝通，化療並不可怕。

4. 標靶藥物治療（Targeted Therapy）

標靶藥物的出現為癌症的治療樹立了新的里程碑。標靶藥物的機理是針對與腫瘤生長相關的「靶點」來抑制其生長，這些「靶點」包括：與腫瘤生長相關的受體、基因或訊息傳遞路徑以及腫瘤血管增生因子等。

標靶藥物的好處是「殺錯良民」的情況大減，它能直接定點阻截癌細胞的生長，作用精準，大大減低對正常細胞的傷害，副作用亦較傳統化療為輕，患者對治療的耐受程度提高，因而達到更好的治療效果。

目前，標靶藥物大致分為以下幾類：

(i) **抗腫瘤血管增生** —— 例如用以治療結直腸癌的單株抗體，能抑制血管內皮細胞生長因子（VEGF），從而抑制血管增生，使腫瘤無法獲得生長所需之養分而萎縮及凋亡；

(ii) **阻斷腫瘤細胞內訊息傳遞** —— 例如用以治療 EGFR 基因突變型非小

細胞肺腺癌的酪胺酸酶抑制劑（Tyrosine Kinase Inhibitor），簡稱 TKI，透過阻斷腫瘤細胞訊息傳遞來抑制腫瘤的生長及轉移；及

(iii) 針對癌細胞表面受體—— 例如針對 HER2 型增生乳癌的標靶藥物或對付大腸癌的表皮細胞生長因子抑制劑。

標靶藥物分為靜脈滴注及口服兩種，視乎個別病情可單獨使用或結合化療藥物獲得最佳療效。標靶藥物的誕生，使某些癌症由不治之症變成可長期用藥的「慢性病」，患者得以保持一定的生活質素並存活較長的時間。然而，標靶藥物並非適合所有癌症患者，需因應癌細胞的基因特質施用；同時，標靶藥物亦非全無副作用，詳情請向主診醫生了解。

5. 免疫治療（Immunotherapy）

免疫治療是全球腫瘤界熱議的話題，而且正在不少先進國家開始使用。要了解免疫治療，必先了解免疫系統。免疫系統是人體的自我保護機制，製造白血球來對付不同外來入侵例如細菌、病毒等，而腫瘤細胞亦被視為是外敵的一種。當少量腫瘤細胞出現時，身體多數能自行清除，但若數量增多，或腫瘤巧妙地「掩飾」自己的身份，腫瘤便有機會避過免疫系統的偵測，繼續發展成癌症。

腫瘤為何可以避開免疫系統呢？原來，腫瘤會分泌 PD-L1、CTLA-4 等蛋白，它會「欺騙」免疫系統，逃避偵測。研究人員針對這一點，以藥物抑制 PD-L1、CTLA-4，令免疫系統可回復攻擊腫瘤的功能。

目前，醫學界已有多個大型研究證實免疫治療的成效，美國食品及藥物管理局（FDA）及歐盟均已批准應用於皮膚黑色素瘤、肺癌（包括肺腺癌及鱗狀細胞癌）及腎癌等。黑色素瘤過往極為棘手，但研究顯示，末期患者接受免疫治療後，四分一到五分一病人存活期可長達 10 年，是重大的突破。至於免疫治療可否應用於其他腫瘤，仍有待第三期的臨床研究結果。

　　免疫治療以靜脈滴注進行，一般情況下，療程每隔 2 至 3 週一次，每次注射時間約 30 至 60 分鐘。患者可選擇於腫瘤科專科診所或醫院內接受治療，並定期覆診。療程進行期間，醫生會密切監察患者的身體情況，藉此調配合適的注射劑量。部分患者接受免疫治療後，可能會出現輕微副作用，例如疲累，但在罕有情況下，會引致嚴重肺炎和腸炎等。

　　相比香港的免疫療法，近年中國內地流行採用的免疫治療「細胞因子激活的殺手細胞」——Cytokine-induced Killer Cell（CIK），在醫學上明顯跟香港有別。CIK 免疫療法有一定風險，嚴重甚至會致命。由於需要從患者體內抽取白血球細胞作培殖之用，當中的消毒過程非常重要，故此實驗室的規格十分嚴謹，否則會令患者感染細菌。過往，香港便曾有美容中心因實驗室感染而導致患者死亡的個案。另一方面，此方法是否可真的培養出針對癌症的殺手細胞仍然存疑。更重要的是，到目前為止，未有任何嚴謹的「臨床第三期」研究證實 CIK 療法有治癌的效果。

6. 荷爾蒙療法

　　某些癌細胞的生長會受荷爾蒙影響，減低體內雌激素或雄激素往往可作為治療的一種。

　　以乳癌為例，倘細胞表面存在荷爾蒙受體的腫瘤，便稱為「荷爾蒙受體陽性乳癌」，這類患者適合接受荷爾蒙治療。荷爾蒙治療乃透過抑制人體的荷爾蒙生產和阻截荷爾蒙傳送到腫瘤細胞，從而抑制乳癌生長。荷爾蒙治療一般在乳癌患者接受手術、化療之後使用，亦可用作第四期患者的紓緩性治療。

　　前列腺癌是另一種需要倚靠荷爾蒙生長的癌症，故利用荷爾蒙藥物抑壓男性荷爾蒙，可減緩腫瘤生長、紓緩症狀及縮小腫瘤。

　　荷爾蒙藥可分為口服及針劑，亦不斷推陳出新，副作用相對較少，詳情可向主診醫生諮詢。

Part IV

癌症病人飲食建議

註冊營養師潘仕寶

癌症病人飲食建議
註冊營養師潘仕寶

英國註冊營養師
澳洲註冊營養師
倫敦英皇書院營養學學士
澳洲悉尼大學營養治療學碩士
香港大學專業進修學院運動營養學

Sally 熱愛推廣健康飲食，經常接受各大媒體訪問。Sally 現為私人執業營養師，並為香港減重及糖尿外科中心兼任營養師、全康醫務綜合中心及聖心癌症專科中心的客席營養顧問、香港執業營養師工會主席（2012-2018）及兒童營養顧問小組成員。

營養不良的風險

對癌症病人來說，避免體重下降是非常重要的，因為體重過輕可影響生活質素，削弱免疫力，影響治療效果及存活率。事實上，高達八成晚期癌症患者會有營養不良問題，甚至有兩成癌症病人是死於營養不良，而非死於患症本身。[1]

---

1 Gullett NP, Mazurak VC, Hebbar G, Ziegler TR. Nutritional interventions for cancer-induced cachexia. Curr Probl Cancer. 2011 Mar-Apr; 35(2): 58–90.

癌症可導致身體新陳代謝異常及營養攝取不足，令病人營養嚴重不良而形成惡病質（Cachexia），其症狀包括：肌肉耗損、脂肪流失、體重減輕、免疫力下降、厭食、疲倦等。

要了解自己是否營養不良，可留意體重和體重指標，如體重下降 10% 或以上，或體重指標（Body Mass Index，BMI）低過 18.5，即表示能量和蛋白質儲備正在消耗，屬危險訊號，應馬上介入營養治療，否則身體會逐漸虛弱而降低復原的機會。

計算方法

> **BMI = 體重（公斤）÷ 身高（米）÷ 身高（米）**

大家亦可利用 MNA（Mini-Nutritional Assessment）營養評估表格，初步自我評估一下營養狀況，如總分數為 11 分或以下，表示有營養不良的風險，應立即約見註冊營養師作進一步評估及介入營養治療，愈早實行可令療效更大。

可從網上下載迷你營養評估量表（MNA）® 或參考附錄 p.144-145
http://www.mna-elderly.com/forms/mini/mna_mini_chinese.pdf

癌症病人須於治療前補充熱量及蛋白質

曾經有一位體重只剩餘 36 公斤的鼻咽癌病人誤信坊間謬誤，跟我說：「聽聞飲營養奶會令癌症腫瘤擴散，我不敢飲了……」那當然沒有醫學根據吧！

癌症病人必須在治療前攝取足夠營養，增加身體儲備，為治療做好準備。癌症治療期間所引起的各種副作用，包括疲倦、食慾不振、口腔潰瘍、便秘、腹瀉、噁心、嘔吐、味覺改變、吸收能力下降等，都會影響病人進食，難以攝取足夠營養，引致肌肉和脂肪大量流失，出現惡病質。所以宜於治療前食慾未受影響時多進食，於治療期間亦要利用各種方法多攝取高能量及高蛋白質的食物，以增加體力及幫助身體復原。

在日常飲食當中，蛋白質、碳水化合物和脂肪都可為身體提供熱量，當中以脂肪的熱量為最高：

營養素	功效	食物來源
碳水化合物	· 碳水化合物是日常飲食中能量的主要來源。 · 1 克碳水化合物提供 4 千卡。	· 粥、粉、麵、飯 · 麵包 · 燕麥 · 早餐穀物片 · 餅乾、蛋糕 · 根莖類蔬菜：薯仔、番薯、芋頭、蓮藕、粉葛、南瓜、蘿蔔、馬蹄、栗子 · 各種水果、果汁 · 糖、糖漿、蜜糖 · 甜品、中式糖水

蛋白質	· 蛋白質主要用作促進人體生長發育和修補身體組織。 · 當人體攝取的能量不足，蛋白質會分解，以釋放能量供應身體所需，因而可能引致蛋白質能量營養不良。 · 1 克蛋白質提供 4 千卡。	· 肉類 · 家禽類 · 魚類及海鮮 · 奶類（奶、芝士、乳酪） · 蛋類 · 豆類（豆腐、腐皮、豆漿、乾豆） · 果仁
脂肪	· 脂肪是能量最高的來源，每克脂肪可提供 9 千卡。 · 脂肪可保暖身體和保護體內器官免受震盪。 · 脂肪負責運送脂溶性維他命 A、D、E 及 K。	· 煮食油 · 牛油 · 植物牛油 · 沙律醬 · 牛油果 · 果仁 · 動物脂肪和皮層

其實只要在烹調配搭上花點心思，便可煮出美味又營養豐富的菜餚給癌症病人享用。以下有些高熱量、高蛋白質家常菜單推介：

· 花生醬香蕉方包
· 雞蛋牛油果三文治
· 蛋花肉碎粥
· 雜果焦糖忌廉班戟
· 翠玉瓜松子仁炒肉片
· 彩椒腰果炒雞柳
· 冬菇馬蹄蒸肉餅
· 芙蓉炒蛋
· 老少平安

- 番茄芝士焗豬扒
- 番茄薯仔三文魚湯
- 蛋花粟米肉碎湯
- 芝麻糊
- 合桃露
- 豆腐花
- 燉蛋／燉奶
- 腐竹蛋糖水
- 蛋白杏仁茶

免疫營養增強抵抗力，增加治療的成功率

若病人胃口真的很差，無法單從食物攝取足夠營養，可在註冊營養師的指引下飲用含豐富熱量和蛋白質的營養配方補充體力。假若癌症病人的抵抗力於治療期間顯著下降，會大大影響治療進度。

醫學臨床研究證明，精氨酸（Arginine）、核苷酸（Nucleotides）及奧美加三脂肪酸（Omega-3 fatty acids）有助提升癌症病人抵抗力，有助病人按時完成療程，增加治療的成功率。歐洲臨床營養與代謝學會（The European Society for Clinical Nutrition and Metabolism，ESPEN）建議癌症病人在接受上消化道（如咽喉、食道、胃部、胰臟等）切除手術的前後，服用含免疫營養（精氨酸、核苷酸、奧美加三脂肪酸）的營養配方[2]，詳情請向醫生或註冊營養師諮詢。

---

2 Arends et al. ESPEN guidelines on nutrition in cancer patients. Clinical Nutrition 36 (2017) 11-48.

精氨酸（Arginine）屬氨基酸的一種，雖然身體會自行製造，但是當身體受到創傷、手術等壓力時，身體對其需求會增加，需要額外補充。精氨酸有助提升免疫功能、減少感染機會，亦能增加膠原合成、促進傷口癒合。

核苷酸（Nucleotides）是合成遺傳因子 DNA 及 RNA 的材料，亦參與能量代謝。當身體受到感染、手術等的壓力時，需要補充核苷酸，以助提升抵抗力、減少感染機會。

奧美加三脂肪酸（Omega-3 fatty acids）為魚油的主要成分，當中包含 EPA 和 DHA，有免疫調節和抗炎症的功效。臨床研究發現，EPA 有助癌症病人在治療期間抑制肌肉流失、穩定體重及改善胃口，理想劑量為每日約 2 克 EPA[3, 4]。

強烈建議病人在考慮服用任何營養補充配方前，先向您的醫生或註冊營養師諮詢，了解清楚是否適合自己服用。

3 Murphy RA et al. Nutritional intervention with fish oil provides a benefit over standard of care for weight and skeletal muscle mass in patients with nonsmall cell lung cancer receiving chemotherapy. Cancer. 2011 Apr 15;117(8):1775-82

4 Pappalardo G, Almeida A, Ravasco P. Eicosapentaenoic acid in cancer improves body composition and modulates metabolism. Nutrition. 2015 Apr;31(4):549-55

不完美，才是美

癌症資訊網
一個由病患者和照顧者角度出發的資訊網

www.cancerinformation.com.h

癌症資訊網　由同路人和照顧者角度出發的互動資訊網站
http://www.cancerinformation.com.hk/

在這個資訊爆棚的年代，我們隨時隨地可以找到許多與癌症相關的資訊，惟當中有多少是真確可信的？有多少是以訛傳訛的？有多少是無中生有的？

本網站以搜羅與癌症相關的最新消息、報導及科研報告為主，並邀請不同界別的專業人士撰寫文章，輔以討論區讓公眾互動交流。透過廣泛的討論讓公眾認清毫無事實根據的所謂「另類治療」是何等的荒謬，同時希望向公眾傳遞重要訊息：信任你的主診醫生，及早接受正規的癌症治療；切勿道聽途說，錯信「另類療法」，延誤治療的黃金時機。

近年，癌症資訊網的服務進一步擴展，開始製作醫療資訊短片和定期舉辦講座，藉此提升公眾對癌症的認知；與各大機構合辦的工作坊，除了支援同路人和照顧者的身心需要，亦將他們凝聚起來，因著彼此支持和鼓勵，能積極面對抗癌路上的種種挑戰。

網站的內容和功能尚有很大的擴展空間，盼望在未來的日子精益求精，繼續從不同層面加強對各同路人的支援。期待你們的寶貴意見！

癌症資訊網活動花絮

癌症資訊網樂隊
由癌症患者組成，以音樂發放正能量

義工服務
關愛身邊的同路人

專題講座及展覽
透過抗癌經歷分享及醫生講解，讓大眾對各
種癌症有更全面的認識

製作微電影及資訊短片
多條微電影現於醫院及網上平台播放

「不倒騎士」單車環台香港隊
自2015年，在「台灣抗癌協會」吳教練和
Peter的協助下，連續兩年完成環台單車挑戰

工作坊
透過不同藝術及健康工作坊，提供身心支援，讓大
家互相連繫

香港防癌會
THE HONG KONG ANTI-CANCER SOCIETY
Since 1963

香港防癌會是香港歷史最悠久的非牟利抗癌機構，在過去的50多年，一直致力推動各項抗癌工作，竭力為香港市民提供相關的多元化服務，藉此提醒大眾及早預防的重要，與此同時，本會不斷改進和增設不同的服務及設施，務求切合病人的實際需要。

 香港防癌會賽馬會癌症康復中心
The Hong Kong Anti-Cancer Society
Jockey Club Cancer Rehabilitation Centre 「家以外之家」的貼心照顧

中西醫結合治療

優質護理

本會轄下的「賽馬會癌症康復中心」，以非牟利、自負盈虧的方式運作，提供24小時駐院醫生診症，專科護士為患者提供貼心的護理，為癌症患者提供「家以外之家」的服務，藉此照顧癌症患者「身心社靈」及抗癌路上不同階段的需要。此外，中心設有物理治療部，由物理治療師為住院患者提供專業服務，鼓勵患者恆常運動保持良好體魄。而中心更特別著重中西醫結合治療，與浸會大學中醫學院合作，由合資格的中醫師透過傳統的中醫藥為患者調理，提供優質護理照顧。

另外，中心亦關顧患者家人的情緒需要，提供家庭支援，讓患者及家人都可積極樂觀面對抗癌路。我們專業的社工及義工團隊定期開辦不同類型的工作坊，如烹飪班、書法班及插花班等，部分義工是癌症康復者或家人曾經歷癌症，透過他們分享抗癌經驗的同時，亦讓患者重建社交生活。

欲了解本會更多的服務，請瀏覽http://www.hkacs.org.hk網頁，或致電3921 3821查詢。

主辦機構

香港防癌會
THE HONG KONG ANTI-CANCER SOCIETY
Since 1963

捐助機構

香港賽馬會慈善信託基金
The Hong Kong Jockey Club Charities Trust
同心同步同進 RIDING HIGH TOGETHER

夥伴機構

基督教家庭服務中心
Christian Family Service Centre

香港防癌會 - 賽馬會
「攜手同行」癌症家庭支援計劃

香港防癌會在香港賽馬會慈善信託基金的支持和捐助下，與基督教家庭服務中心協作，展開香港防癌會-賽馬會「攜手同行」癌症家庭支援計劃，由註冊護士、社工及同路人義工透過電話輔導、地區支援小組、外展探訪，主動關懷癌患者及其家人，並提供紓緩治療副作用的貼士、抗癌的營養要訣、心理情緒和身心康復的支援，協助他們走出困局。

服務費用全免 歡迎致電查詢： **3921 3777** **2950 8326**
（服務香港及離島區） （服務九龍及新界區）

請瀏覽計劃網址： **http://whih.cancersupport.org.hk**

癌症諮詢 紓解疑慮

情緒輔導 心靈關顧

外展探訪 社區支援

健康飲食 抗癌要訣

專題講座 強化知識

病人茶聚 互助互勉

Mini Nutritional Assessment

MNA®

Nestlé
Nutrition Institute

姓名:		性別:	
年齡:	體重,公斤, kg:	身高,公分, cm:	日期:

請於方格內填上適當的分數，將分數加總以得出最後篩選分數。

篩選

A 過去三個月內有沒有因為食慾不振、消化問題、咀嚼或吞嚥困難而減少食量?
0 = 食量嚴重減少
1 = 食量中度減少
2 = 食量沒有改變

B 過去三個月內體重下降的情況
0 = 體重下降大於3公斤 (6.6磅)
1 = 不知道
2 = 體重下降1-3公斤 (2.2-6.6磅)
3 = 體重沒有下降

C 活動能力
0 = 需長期臥床或坐輪椅
1 = 可以下床或離開輪椅，但不能外出
2 = 可以外出

D 過去三個月內有沒有受到心理創傷或患上急性疾病?
0 = 有　　　　2 = 沒有

E 精神心理問題
0 = 嚴重痴呆或抑鬱
1 = 輕度痴呆
2 = 沒有精神心理問題

F1 身體質量指數(BMI) (公斤/ 米², kg/m²)
0 = BMI 低於 19
1 = BMI 19至低於21
2 = BMI 21至低於23
3 = BMI 相等或大於 23

如不能取得身體質量指數(BMI)，請以問題F2代替F1。
如已完成問題F1，請不要回答問題F2。

F2 小腿圍 (CC) (公分, cm)
0 = CC 低於 31
3 = CC 相等或大於 31

篩選分數　　(最高14分)

12-14分:　　正常營養狀況
8-11分:　　有營養不良的風險
0-7分:　　營養不良

儲存
列印
重設設定

Ref.　Vellas B, Villars H, Abellan G, et al. *Overview of the MNA® - Its History and Challenges*. J Nutr Health Aging 2006;10:456-465.
Rubenstein LZ, Harker JO, Salva A, Guigoz Y, Vellas B. *Screening for Undernutrition in Geriatric Practice: Developing the Short-Form Mini Nutritional Assessment (MNA-SF)*. J. Geront 2001;56A: M366-377.
Guigoz Y. *The Mini-Nutritional Assessment (MNA®) Review of the Literature - What does it tell us?* J Nutr Health Aging 2006; 10:466-487.
Kaiser MJ, Bauer JM, Ramsch C, et al. *Validation of the Mini Nutritional Assessment Short-Form (MNA®-SF): A practical tool for identification of nutritional status.* J Nutr Health Aging 2009; 13:782-788.
® Société des Produits Nestlé, S.A., Vevey, Switzerland, Trademark Owners
© Nestlé, 1994, Revision 2009. N67200 12/99 10M
如需更多資料: **www.mna-elderly.com**

F2 小腿圍(cm)：CC

小腿圍(CC)的測量

1. 協助患者採取左腿下垂的坐姿或兩腳能平均分擔體重的站姿。

2. 穿著長褲時，將褲管捲起至可露出小腿處。

3. 測量小腿腿圍最粗的地方。

4. 再次測量步驟3，測量處為前次的上方及下方，以確認步驟3測量處是小腿圍最粗之處。

5. 記錄測量值時請記錄至0.1cm單位。

* 測量尺與小腿的長軸呈垂直狀纏繞於小腿時，可獲得最正確的測量值。

CC小腿圍測量尺的使用方法

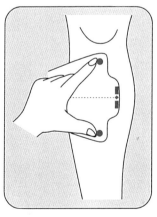

沿著脛骨以大拇指及食指壓住CC小腿圍測量尺的「●」固定。

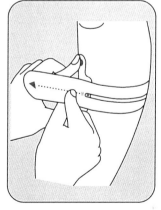

將CC小腿圍測量尺圍繞於小腿，若是可從測量尺中央長縫中看到「◆」，即表示小腿圍未達31cm。

oral IMPACT™ 速癒素　營養學會推薦

"如營養不良的癌症病人需要進行大手術，建議於手術前後 (或至少於手術後) 服用含免疫營養 (精氨酸、奧美加3脂肪酸、核苷酸) 的營養補充品。"

歐洲臨床營養與代謝學會 (ESPEN)：
外科手術中的臨床營養指南[1]

"建議癌症病人在進行腹部大手術前5-7天，服用含免疫營養 (精氨酸、奧美加3脂肪酸、核苷酸) 的營養補充品。"

"有嚴重營養不良風險的病人，如需要進行頸部和腹部的癌症大手術，如喉切除術、咽切除術、食管切除術、胃切除術和胰十二指腸切除術，建議於手術前、直至手術後5-7天服用含免疫營養 (精氨酸、奧美加3脂肪酸、核苷酸) 的營養補充品。"

歐洲臨床營養與代謝學會 (ESPEN)：
外科手術中的腸內營養指南[2]

詳情請向您的醫生或註冊營養師諮詢。

每包份量含

■ **精氨酸 (L-Arginine)**
製造膠原蛋白[3],[4],[5],[6]，促進傷口癒合

■ **核苷酸 (Nucleotides)**
增加T 淋巴細胞[7]，提升抵抗力

■ **奧美加3魚油 (Omega-3 fish oil)**
DHA、EPA 有助抑制炎症[8],[9]

oral IMPACT™ 速癒素 癌症治療專用營養品 — 免疫營養

- 有效減低電療及化療期間患者身體炎症，**減低頭頸癌患者出現口腔黏膜炎的機會**[10]

- 據歐洲腫瘤護理學會指出，接受化療的患者，約有40%會出現口腔黏膜炎，而接受高劑量電療的頭頸癌患者，口腔黏膜炎出現的機會率高達100%。[11], [12]

- **根據臨床研究顯示 (Machon, 2012)，在治療期間進食 oral IMPACT™ 速癒素 營養品，只有16%的患者出現第三或第四期的口腔黏膜炎，相對先前其他研究的是約45%。**[10]

美國國家癌症研究所：口腔黏膜炎評級[13]

評級	症狀	
3 (嚴重)	痛楚紅斑、浮腫、口腔潰瘍 影響吞嚥，需要靜脈注射補充水份	
4 (危殆)	嚴重口腔潰瘍 影響進食，需要以胃管餵食或腸外營養 影響呼吸，需要以呼吸機協助	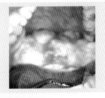

產品查詢熱線：(852) 8202 9876
www.oralimpact.com.hk

全線屈臣氏、萬寧配藥部、華潤堂、醫院復康店及各大藥房有售。

1. Weimann A et al. ESPEN guideline: Clinical Nutrition in Surgery. Clin Nutr 2017;36: 623-650. **2.** Weimann A et al. ESPEN Guidelines on Enteral Nutrition: Surgery including organ transplantation. Clin Nutr 2006;25: 224-44. **3.** Ochoa JB et al. A rational use of immune enchancing diets: When should we use dietary arginine supplementation? NCP 2004; 19 (3): 216-225. **4.** Zhu X et al. Immunosuppression and infection after major surgery: a nutritional deficiency. Crit Care Clin 2010; 26(3): 491-500. **5.** Wu G et al. Arginine metabolism and nutrition in growth, health and disease. Amino Acids 2009; 3(0) 153-168. **6.** de Aguilar-Nascimento JE et al. Role of enteral nutrition and pharmaconutrition in conditions of splanchnic hypoperfusion. Nutrition 2010; 26(4): 354-358. **7.** Grimble GK et al. Nucleotides as immunomodulators in clinical nutrition. Curr Opin in Clin Nutr and Metab Care. 2001 4(1):57-64. **8.** Calder PC. Polyunsaturated fatty acids and inflammation. Prostaglandins. Leukotrienes and Essential Fatty Acids. 2006; 75: 197-202. **9.** Mizock BA. Nutritional support in acute lung injury and acute respiratory distress syndrome. NCP. 2001; 16: 319-328. **10.** Machon C, et al. Immunonutrition before and during radiochemotherapy: Improvement of inflammatory parameters in head and neck cancer patients. Support Care Cancer 2012; 20: 3129-3135 **11.** Rubenstein EB, Peterson DE, Schubert M et al. Clinical practice guidelines for the prevention and treatment of cancer therapy-induced oral and gastrointestinal mucositis. Cancer 2004; 100 (9 Suppl): 2026-46 **12.** Stone R, Fliedner MC and Smiet ACM. Management of oral mucositis in patients with cancer. Eur J Oncol Nurs 2005; 9 (Suppl 1): S24-32 **13.** National Cancer Institute. Common Toxicity Criteria, Version 2.0, DCTD, NCI, NIH, DHHS, March 1998. http://ctep.cancer.gov/protocolDevelopment/electronic_applications/docs/ctcv20_4-30-992.pdf

NestléHealthScience

把握治療黃金期

癌症
謬誤100解

系列：Health041

作者：陳亮祖醫生

編輯：Alan Ng

美術設計：Crystal Siu

插圖：Crystal Siu

攝影：Alan Ng

醫生及康復者專訪：Helen Law

出版：紅出版（青森文化）

地址：香港灣仔道133號卓凌中心11樓

出版計劃查詢電話：(852) 2540 7517

電郵：editor@red-publish.com

網址：http://www.red-publish.com

香港總經銷：香港聯合書刊物流有限公司

台灣總經銷：貿騰發賣股份有限公司

　　　　　　　新北市中和區中正路880 號14 樓

　　　　　　　(886) 2-8227-5988

　　　　　　　http://www.namode.com

出版日期：2017年7月

圖書分類：醫療健康

ISBN：978-988-8437-90-0

定價：港幣80元正/ 新台幣320元正